U0150369

Python开发从入门到精通系列

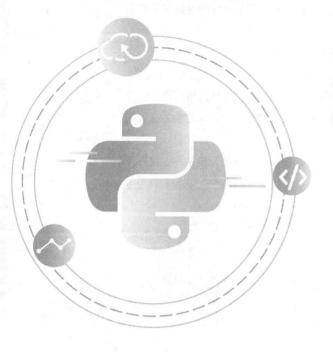

Python
Deep Learning

Python
深度学习

吕云翔　刘卓然　关捷雄　王渌汀　郭志鹏

陈妙然　闫　坤　王志鹏　樊子康　张　凡　等编著

仇善召　吕可馨　华昱云

机械工业出版社
CHINA MACHINE PRESS

本书以深度学习框架为基础，介绍机器学习的基础知识与常用方法，全面细致地提供了机器学习操作的原理及其在深度学习框架下的实践步骤。

　　全书共 16 章，分别介绍了深度学习基础知识、深度学习框架及其对比、机器学习基础知识、深度学习框架（以 PyTorch 为例）基础、Logistic 回归、多层感知器、卷积神经网络与计算机视觉、神经网络与自然语言处理以及 8 个实战案例。本书将理论与实践紧密结合，相信能为读者提供有益的学习指导。

　　本书适合 Python 深度学习初学者、机器学习算法分析从业人员以及高等院校计算机科学、软件工程等相关专业的师生阅读。

图书在版编目（CIP）数据

Python 深度学习 / 吕云翔等编著. —北京：机械工业出版社，2020.9
（Python 开发从入门到精通系列）
ISBN 978-7-111-66611-0

Ⅰ. ①P⋯　Ⅱ. ①吕⋯　Ⅲ. ①软件工具－程序设计　Ⅳ. ①TP311.561

中国版本图书馆 CIP 数据核字（2020）第 181092 号

机械工业出版社（北京市百万庄大街 22 号　邮政编码 100037）
策划编辑：张淑谦　　　责任编辑：张淑谦
责任校对：张艳霞　　　责任印制：张　博

三河市宏达印刷有限公司印刷

2020 年 10 月·第 1 版第 1 次印刷
184mm×260mm · 13.75 印张 · 339 千字
0001－2000 册
标准书号：ISBN 978-7-111-66611-0
定价：79.00 元

电话服务　　　　　　　　　　　网络服务
客服电话：010-88361066　　　机 工 官 网：www.cmpbook.com
　　　　　010-88379833　　　机 工 官 博：weibo.com/cmp1952
　　　　　010-68326294　　　金 书 网：www.golden-book.com
封底无防伪标均为盗版　　　　　机工教育服务网：www.cmpedu.com

前　言

随着深度学习领域技术的飞速发展，许多科幻电影中的情节已经逐步变成了现实——智能语音助手能够与人类无障碍地沟通，甚至在视频通话时提供实时翻译；将手机摄像头聚焦在某个物体上，该物体的相关信息就会被迅速反馈给使用者；在购物网站上浏览商品时，机器也在同时计算用户的偏好，以及实时个性化地推荐用户可能感兴趣的商品。原先以为只有人类才能做到的事，机器都能毫无差错地完成，甚至比人类完成的更好，这显然与深度学习的发展密不可分，人类社会正被技术引领着，走向崭新的世界。

深度学习这个名词，作为近年来讨论的焦点，频繁出现在各类媒体上。无论是否从事相关行业，人们对这个词应该都有着或多或少的了解。本书以深度学习为主题，目的是让读者尽可能深入地理解深度学习的技术。此外，本书强调将理论与实践结合，简明的案例不仅能加深读者对于理论知识的理解，还能让读者直观感受到实际生产中深度学习技术应用的过程。

本书第 1 章介绍了深度学习领域的现状，以及它和其他领域技术发展之间的关系；第 2 章讲述了深度学习的几大主流框架，以及它们的主要特点和适用范围；第 3 章讲述了机器学习基础知识；第 4 章讲述了深度学习框架（以 PyTorch 为例）的基础；第 5 章讲述了 Logistic 回归；第 6 章讲述了多层感知器；第 7 章讲述了卷积神经网络与计算机视觉；第 8 章讲述了神经网络与自然语言处理，其中包括对循环神经网络（RNN）和 Transformer 技术的介绍；第 9～16 章为 8 个实战案例，分别展示了针对不同问题使用深度学习技术如何进行解决。

为了实现深度学习，我们需要经历许多考验，花费很长时间，但也能学到和发现很多知识，而且，这也会是一个有趣的、令人兴奋的过程。希望读者能从这一过程中熟悉深度学习的技术，并从中感受到快乐。

参与本书编写的有吕云翔、刘卓然、关捷雄、王渌汀、郭志鹏、陈妙然、闫坤、王志鹏、樊子康、张凡、仇善召、吕可馨和华昱云，此外，曾洪立参与了部分内容的编写并进行了素材整理及配套资源制作等工作。

由于编者水平和能力有限，书中难免有疏漏之处，恳请各位同仁和广大读者批评指正，也希望各位能将实践过程中的经验和心得与编者进行交流（yunxianglu@ hotmail.com）。

编　者

目　　录

第1章　深度学习简介

深度学习是一种基于神经网络的学习方法。与传统的机器学习方法相比，深度学习模型一般需要更丰富的数据、更强大的计算资源，以达到更高的准确率。目前，深度学习方法被广泛应用于计算机视觉、自然语言处理、强化学习等领域。本章将依次进行介绍。

1.1　计算机视觉

1.1.1　定义

计算机视觉是使用计算机及相关设备对生物视觉的一种模拟。它的主要任务是通过对采集的图片或视频进行处理以获得相应场景的三维信息。计算机视觉是一门关于如何运用照相机和计算机来获取被拍摄对象的数据与信息的学问。可简单形象地理解为我们给计算机安装上眼睛（照相机）和大脑（算法），让计算机能够感知环境。

1.1.2　基本任务

计算机视觉的基本任务包含图像处理、模式识别、图像识别、景物分析或图像理解等。此外，它还包括空间形状的描述、几何建模及认识过程。实现图像理解是计算机视觉的终极目标。下面为大家展开介绍图像处理、模式识别和图像理解。

- 图像处理技术可以把输入图像转换成具有所希望特性的另一幅图像。例如，通过处理使输出图像有较高的信噪比，或通过增强处理以突出图像细节，便于操作员检验。在计算机视觉研究中经常利用图像处理技术进行预处理和特征抽取。
- 模式识别技术根据抽取图像的统计特性或结构信息，将其分成预定的类别。例如，文字识别或指纹识别。在计算机视觉中模式识别技术常用于对图像中的某些部分（如分割区域）的识别和分类。
- 图像理解技术是对图像内容信息的理解。给定一幅图像，图像理解程序不仅描述图像本身，而且描述和解释图像所代表的景物，以便对图像代表的内容做出决定。在人工智能研究初期常使用景物分析这个术语，以强调二维图像与三维景物之间的区别。图像理解除了需要复杂的图像处理外，还需要具有关于景物成像的物理规律和与景物内容有关的知识。

1.1.3　传统方法

在深度学习算法出现之前，视觉算法大致可分为 5 个步骤：特征感知、图像预处理、特征提取、特征筛选、推理预测与识别。早期的机器学习中，占优势的统计机器学习群体对特征的重视是不够的。

何为图片特征？通俗来讲是指最能表现图像特点的一组参数，常用特征类型包括颜色、纹理、形状和空间关系。为了让机器尽可能完整且准确地理解图片，需要将包含庞杂信息的图像简化抽象为若干个特征量以便后续计算。在深度学习技术没有出现前，图像特征需要研究人员手动提取，这是一个繁杂且冗长的工作，因为很多时候研究人员并不能确定什么样的特征组合是有效的，而且常常需要研究人员手动设计新的特征。在深度学习技术出现后，问题显著简化了许多，各种各样的特征提取器以人脑视觉系统为理论基础，尝试直接从大量数据中提取出图像特征。

过去的算法主要依赖于特征算子，例如最著名的 SIFT 算子，即所谓的对尺度旋转保持不变的算子。它被广泛地应用在图像比对，特别是三维重建应用中，有一些成功的应用例子。另一个是 HoG 算子，它可以提取比较鲁棒的物体边缘，在物体检测中扮演着重要的角色。

另外还包括 Textons、Spin image、RIFT 和 GLOH 算子，它们都在深度学习诞生之前或深度学习真正流行起来之前占领视觉算法的主流。

这些特征和一些特定的分类器组合取得了一些成功或半成功的例子，基本达到了商业化的要求：一是 20 世纪八九十年代的指纹识别算法，在指纹图案上寻找具有特殊几何特征的点，然后把指纹关键点进行比对，以判断是否匹配；二是 2001 年基于 Haar 的人脸检测算法，在当时的硬件条件下已经能够达到实时人脸检测，目前所有手机的人脸检测功能，都是基于它的变种；三是基于 HoG 特征的物体检测，它与所对应的 SVM 分类器组合成著名的 DPM 算法（DPM 算法在物体检测上超过了所有的算法，取得了比较不错的成绩）。但这种成功案例太少，因为手工设计特征需要大量的经验，需要研究人员对这个领域和数据特别了解，在设计出来特征后还需要大量的调试工作。另一个难点在于，研究人员不仅需要手工设计特征，还要在此基础上有一个比较合适的分类器算法。同时设计特征，然后选择一个分类器，这两者合并达到最优的效果，几乎是不可能完成的任务。

1.1.4　仿生学与深度学习

如果不手动设计特征，不挑选分类器，那有没有别的方案能同时学习特征和分类器？即输入某一个模型时，输入只是图片，输出却是它自己的标签。如输入一位明星头像（如图 1.1 神经网络示例），模型输出的标签是一个 50 维的向量（如果要在 50 个人里识别），其中对应明星的向量是 1，其他的向量是 0。

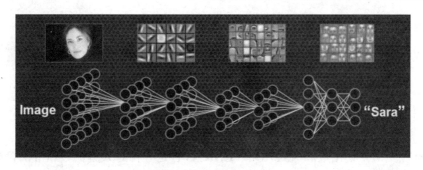

图 1.1 神经网络示例

这种设定符合人类脑科学的研究成果。1981 年诺贝尔生理学或医学奖颁发给了一位神经生物学家 David Hubel。他发现了视觉系统信息处理机制，证明大脑的可视皮层是分级的。其贡献主要是他认为人的视觉功能一个是抽象，一个是迭代。抽象是把非常具体的形象元素，即原始光线像素等信息，抽象形成有意义的概念。这些有意义的概念又会往上迭代，变成更加抽象、人可以感知到的抽象概念。

像素是没有抽象意义的，但人脑可以把这些像素连接成边缘（边缘相对像素来说就变成了比较抽象的概念），边缘进而形成球形，球形形成气球，大脑最终就知道看到的是一个气球。

模拟人脑识别人脸（见图 1.2），也是抽象迭代的过程。从最开始的像素到第二层的边缘，再到第三层人脸的部分，最后到第四层整张人脸，是一个抽象迭代的过程。

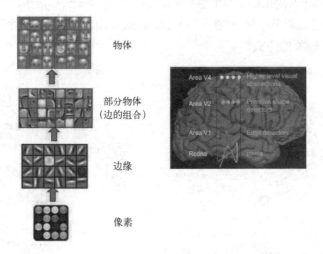

物体

部分物体
（边的组合）

边缘

像素

图 1.2 人脑与神经网络

再比如认识到图片中的物体是摩托车的过程，人脑只需要几秒就可以处理完毕，但这个过程中经过了大量的神经元抽象迭代。对计算机来说最开始看到的根本也不是摩托车，而是 RGB 图像三个通道上不同的数字。

特征或者视觉特征，就是把这些数值给综合起来，用统计或非统计的形式把摩托车的部件或者整辆摩托车表现出来。深度学习流行前，大部分设计图像特征就是基于此，即把一个区域内的像素级别信息综合表现出来，利于后面的分类学习。

若要完全模拟人脑，我们也要模拟抽象和递归迭代的过程，把信息从最细琐的像素级别抽象到"种类"的概念，让大脑能够接受。

1.1.5　现代深度学习

计算机视觉里常使用卷积神经网络（CNN），它是一种对人脑比较精准的模拟。人脑在识别图片的过程中，并不是对整张图同时进行识别，而是感知图片中的局部特征，之后将局部特征综合起来再得到整张图的全局信息。卷积神经网络模拟了这一过程，其卷积层通常是堆叠的，低层的卷积层提取图片的局部特征，如角、边缘、线条等，高层卷积从低层的卷积层中提取更复杂的特征，从而实现图片的分类和识别。

在计算机视觉里卷积是两个函数之间的相互关系，把卷积当作一个抽象的过程，将小区域内的信息统计抽象出来。

比如，对于一张爱因斯坦的照片，可以学习 n 个不同的卷积和函数，然后对这个区域进行统计。也可以用不同的方法统计，比如着重统计中央或着重统计周围，这就导致统计的和函数的种类多种多样，达到可以同时学习多个统计的累积和。

如图 1.3 所示，如何从输入图像到最后卷积，再到生成响应 map。首先用学习好的卷积和对图像进行扫描，然后每一个卷积和会生成一个扫描的响应图，（我们称之为 response map 或是 feature map）。如果有多个卷积和，就有多个 feature map，即从一个输入图像（RGB 三个通道）可以得到 256 个通道的 feature map，因为有 256 个卷积和，所以以每个卷积和代表一种统计抽象的方式。

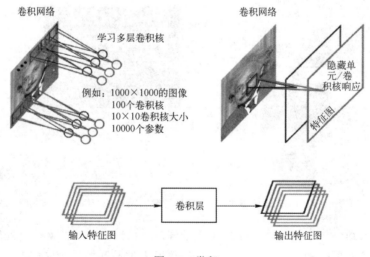

图 1.3　卷积

在卷积神经网络中，除了卷积层，还有一种叫池化的操作。它在统计上的概念更明确，就是一个对一个小区域内求平均值或者求最大值的统计操作。

带来的结果是，如果之前输入有两个通道或者 256 通道卷积的响应 feature map，每一个 feature map 都经过一个求最大的一个池化层，会得到一个比原来 feature map 更小的 256 的 feature map。

在下面这个例子里（见图 1.4），池化层对每一个大小为 2×2 的区域求最大值，然后把最大值赋给生成的 feature map 的对应位置。如果输入图像的大小是 100×100 像素的，那输出图像的大小会变成 50×50 像素，feature map 变成原有的一半。同时保留的信息是原有 2×2 区域里面最大的信息。

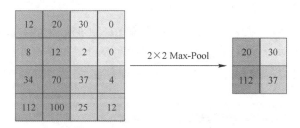

图 1.4 池化

LeNet 网络（Le 是人工智能领域先驱 LeCun 名字的简写）如图 1.5 所示，它是许多深度学习网络的原型和基础。在之前，人工神经网络层数都相对较少，而 LeNet 五层网络突破了这一限制。其中 LeCun 用这一网络进行字母识别，达到了非常好的效果。

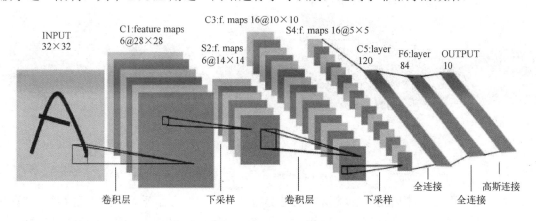

图 1.5 LeNet 网络

LeNet 网络输入图像是大小为 32×32 的灰度图，第一层经过了一组卷积和，生成了 6 个 28×28 的 feature map，然后经过一个池化层，得到 6 个 14×14 的 feature map，然后再经过一个卷积层，生成了 16 个 10×10 的卷积层，再经过池化层生成 16 个 5×5 的 feature map。再经过 3 个全连接层，即可得到最后的输出结果，输出就是标签空间的输出。由于只对 0 到 9 进行识别，所以输出空间是 10，如果要对 10 个数字再加上 26 个大小字母进行识别，输出空间就是 62。向量各维度的值代表"图像中元素等于该维度对应标签的概率"，可简单理解为，若该向量第一维度输出为 0.6，即表示图像中元素是 0 的概率是 0.6。那么该 62 维向量中值最大的维度对应的标签即为最后的预测结果。62 维向量里，如果某一个维度上的值最大，它对应的字母和数字就是预测结果。

从 1998 年开始的 15 年间，深度学习领域在众多专家学者的带领下不断发展壮大。遗憾的是在此过程中，深度学习领域没有产生足以轰动世人的成果，导致深度学习的研究一度被边缘化。到 2012 年，深度学习算法在部分领域取得不错的成绩，而 AlexNet 的出现使深度学习算发开始焕发新的生机。

AlexNet 由多伦多大学提出，在 ImageNet 比赛上取得了非常好的成绩。AlexNet 识别效果超过了当时所有浅层的方法。经此一役，AlexNet 在此后被不断地改进、应用。同时，学术界和工业界也认识到了深度学习的无限可能。

AlexNet 是基于 LeNet 的改进，它可以被看作 LeNet 的放大版，如图 1.6 所示。AlexNet 的输入是一个大小为 224×224 的图片，输入图像在经过若干个卷积层和若干个池化层后，最后经过两个全连接层泛化特征，得到最后的预测结果。

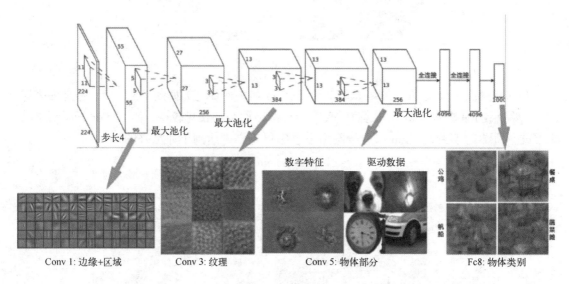

图 1.6　AlexNet

2015 年，特征可视化工具开始盛行。那么，AlexNet 的特征是什么样子？其共分为 4 层：第一层，都是一些填充的块状物和边界等特征；中间层开始学习一些纹理特征；第三层接近分类器的高层，明显可以看到物体形状特征。最后一层是分类层，不同物体的主要特征已经被完全提取出来。

无论对什么物体进行识别，特征提取器提取特征的过程都是渐进的。特征提取器最开始提取到的是物体的边缘特征，继而是物体的各部分信息，然后在更高层级抽象到物体的整体特征。整个卷积神经网络在模拟人的抽象和迭代的过程。

1.1.6　卷积神经网络

卷积神经网络的设计思路非常简洁明了，且很早就被提出。那为什么卷积神经网络时隔 20 年才占领主流？这一问题与卷积神经网络本身的技术关系不太大，而与其他一些客观因素有关。

首先，如果卷积神经网络的深度太浅，其识别能力往往不如一般的浅层模型，如 SVM 或者 boosting。但如果神经网络深度过大，就需要大量数据进行训练来避免过拟合。而从 2006、2007 年开始，恰好是互联网开始大量产生图片数据的时期。

其次是运算能力。卷积神经网络对计算机的运算要求比较高，需要大量重复可并行化的计算。在 1998 年 CPU 只有单核且运算能力比较低的情况下，不可能进行很深的卷积神经网络训练。随着 CPU 计算能力的增长，卷积神经网络结合大数据的训练才成为可能。

总而言之，卷积神经网络的兴起与近些年来技术的发展是密切相关的，而这一领域的革新则不断推动了计算机视觉的应用与发展。

1.2 自然语言处理

自然语言，区别于计算机所使用的机器语言和程序语言，是指人类用于日常交流的语言。而自然语言处理的目的是让计算机理解和处理人类的语言。

由于语言对感知的抽象很多时候并不直观、完整。我们视觉感知到一个物体，是实实在在地接收到了代表这个物体的所有像素。但是，自然语言的一个句子背后往往包含着不直接表述的常识和逻辑。这使得计算机在试图处理自然语言的时候不能从字面上获取所有的信息。因此自然语言处理的难度更大，它的发展与应用相比于计算机视觉呈现出滞后的情况。

深度学习在自然语言处理上的应用也是如此。为了将深度学习引入这个领域，研究者尝试了许多方法来表示和处理自然语言的表层信息（如词向量、更高层次、带上下文信息的特征表示等），也尝试过许多方法来结合常识与直接感知（如知识图谱、多模态信息等）。其中的许多成果都已应用于现实中，甚至用于社会管理、商业和军事中。

1.2.1 自然语言处理的基本问题

自然语言处理主要研究能实现人与计算机之间用自然语言进行有效通信的各种理论和方法，其主要任务如下。

- **语言建模**：计算一个句子在一个语言中出现的概率。这是一个高度抽象的问题，在第 8 章中有详细介绍。其常见形式是，给出句子的前几个词，预测下一个词是什么。
- **词性标注**：句子都是由单独的词汇构成的，自然语言处理有时需要标注出句子中每一个词的词性。需要注意的是，句子中的词汇并不是独立的，在研究过程中，通常需要考虑词汇的上下文。
- **中文分词**：中文的自然最小单位是字，但单个字的意义往往不明确或者含义较多，并且在多语言的任务中与其他以词为基本单位的语言不对等。因此不论是从语言学特性还是从模型设计的角度，都需要将中文句子恰当地切分为单个的词。

- **句法分析**：由于人类表达的时候只能逐词地按顺序说，因此自然语言的句子也是扁平的序列。但这并不代表一个句子中不相邻的词之间没有关系，也不代表整个句子中的词只有前后关系。它们之间的关系是复杂的，需要用树状结构或图才能表示清楚。句法分析中，人们希望通过明确句子内两个或多个词的关系来了解整个句子的结构。最终句法分析的结果是一棵句法树。

- **情感分类**：给出一个句子，我们希望知道这个句子表达了什么情感：有时是正面/负面的二元分类，有时是更细粒度的分类；有时是仅仅给出一个句子，有时是指定对于特定对象的态度/情感。

- **机器翻译**：最常见的是把源语言的一个句子翻译成目标语言的一个句子。与语言建模相似，给定目标语言一个句子的前几个词，预测下一个词是什么，但最终预测出的整个目标语言句子必须与给定的源语言句子具有完全相同的含义。

- **阅读理解**：有许多形式。有时是输入一个段落，一个问题，生成一个回答（类似问答），或者在原文中标定一个范围作为回答（类似从原文中找对应句子），有时是输出一个分类（类似选择题）。

1.2.2　传统方法与神经网络方法的比较

本节主要从以下 3 个方面来对传统方法与人工智能方法进行比较。

1．人工参与程度

传统的自然语言处理方法中，人参与得非常多。比如基于规则的方法就是由人完全控制，人用自己的专业知识完成了对一个具体任务的抽象和建立模型，对模型中一切可能出现的案例提出解决方案，定义和设计了整个系统的所有行为。这种人过度参与的现象在基于传统统计学方法出现以后略有改善，人们开始让出对系统行为的控制；被显式构建的是对任务的建模和对特征的定义，然后系统的行为就由概率模型来决定，而概率模型中的参数估计则依赖于所使用的数据和特征工程中所设计的输入特征。到了深度学习的时代，特征工程也不需要了，人们只需要构建一个合理的概率模型，特征抽取就由精心设计的神经网络架构完成了；当前人们已经在探索神经网络架构搜索的方法，这意味着人们对于概率模型的设计也部分地交给了深度学习代劳。

总而言之，人的参与程度越来越低，但系统的效果越来越好。这是合乎直觉的，因为人对于世界的认识和建模总是片面的、有局限性的。如果可以将自然语言处理系统的构建自动化，将其基于对世界的观测点（即数据集），所建立的模型和方法一定会比人类的认知更加符合真实的世界。

2．数据量

随着自然语言处理系统中人工参与的程度越来越低，系统的细节就需要更多的信息来决定，这些信息只能来自于更多的数据。今天当我们提到神经网络方法时，都喜欢把它描述成为"数据驱动的方法"。

从人们使用传统的统计学方法开始，如何取得大量的标注数据就已经是一个难题了。随着神经网络架构的日益复杂，网络中的参数也呈现爆炸式的增长。特别是近年来深度学习加速硬件的算力突飞猛进，人们对于使用巨量参数的需求更加强烈，这就显得数据量日益捉襟见肘。特别是一些低资源的语言和领域中，数据短缺问题更加严重。

这种数据的短缺，迫使人们研究各种方法来提高数据利用效率（Data Efficiency）。于是 Zero-shot Learning, Domain adaptation 等半监督乃至非监督的方法应运而生了。

3. 可解释性

人工参与程度的降低带来的另一个问题是模型的可解释性越来越低。在理想状况下，如果系统非常有效，人们根本不需要关心黑盒系统的内部构造。但事实是自然语言处理系统的状态离完美还有相当大的差距，因此当模型出现问题时，人们总是希望弄清问题的原因，并找到相应的办法来避免或修补。

一个模型能允许人们检查它的运行机制和问题成因，允许人们干预和修补问题，要做到这一点是非常重要的，尤其是对于一些商用生产的系统来说。传统基于规则的方法中，一切规则都是由人手动规定的，要更改系统的行为非常容易，同时在传统的统计学方法中，许多参数和特征都有明确的语言学含义，要想定位或者修复问题通常也可以做到。

然而，现在主流的神经网络模型都不具备这种能力，它们就像黑箱子，人们可以知道它有问题，或者有时候可以通过改变它的设定来大致猜测问题的可能原因，但要想控制和修复问题则往往无法在模型中直接完成，而要在后处理（Post-Processing）阶段重新拾起旧武器——基于规则的方法。

这种隐忧使得人们开始探索如何提高模型的可解释性这一领域，主要的做法包括试图解释现有的模型和试图建立透明度较高的新模型。然而要做到完全理解一个神经网络的行为并控制它，还有很长的路要走。

1.2.3 发展趋势

从传统方法和神经网络方法的对比中，可以看出自然语言处理的模型和系统构建是向着越来越自动化、模型越来越通用的趋势发展的。

一开始，人们试图减少和去除人类专家知识的参与。因此就有了大量的网络参数和复杂的架构设计，这些都是在概率模型中提供潜在变量（Latent Variable），使得模型具有捕捉和表达复杂规则的能力。这一阶段，人们渐渐地摆脱了人工制订的规则和特征工程，同一种网络架构可以被许多自然语言任务通用。

之后，人们觉得每一次为新的自然语言处理任务设计一个新的模型架构并从头训练的过程过于烦琐，于是试图开发利用这些任务底层所共享的语言特征。在这一背景下，迁移学习逐渐发展，从前神经网络时代的 LDA、Brown Clusters，到早期深度学习中的预训练词向量 Word2Vec、GloVe 等，再到今天家喻户晓的预训练语言模型 ELMo 和 BERT。这使得不仅仅是模型架构可以通用，连训练好的模型参数也可以通用了。

现在，人们希望神经网络的架构都可以不需要设计，而是根据具体的任务和数据来搜索得到。这一新兴领域方兴未艾，可以预见随着研究的深入，自然语言处理的自动化程度一定会得到极大提高。

1.3 强化学习

1.3.1 什么是强化学习

强化学习是机器学习的一个重要分支，它与非监督学习、监督学习并列为机器学习的三类主要学习方法，三者之间的关系如图 1.7 所示。强化学习强调如何基于环境行动，以取得最大化的预期利益，所以强化学习可以被理解为决策问题。它是多学科多领域交叉的产物，其灵感来自于心理学的行为主义理论，即有机体如何在环境给予的奖励或惩罚的刺激下，逐步形成对刺激的预期，产生能获得最大利益的习惯性行为。强化学习的应用范围非常广泛，各领域对它的研究重点各有不同。本书不对这些分支展开讨论，而专注于强化学习的通用概念。

在实际应用中，人们常常会把强化学习、监督学习和非监督学习混淆，为了更深刻地理解强化学习和它们之间的区别，首先我们来介绍监督学习和非监督学习的概念。

监督学习是通过带有标签或对应结果的样本训练得到一个最优模型，再利用这个模型将所有的输入映射为相应的输出，以实现分类。

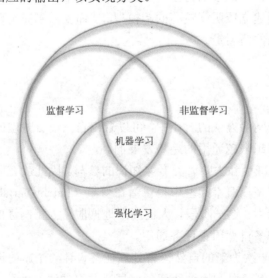

图 1.7 强化学习、监督学习、非监督学习关系示意图

非监督学习是在样本的标签未知的情况下，根据样本间的相似性对样本集进行聚类，使类内差距最小化，学习出分类器。

上述两种学习方法都会学习出输入到输出的一个映射，它们学习出的是输入和输出之间的关系，可以告诉算法什么样的输入对应着什么样的输出，而强化学习得到的是反馈，它是在没有任何标签的情况下，通过先尝试做出一些行为得到一个结果，通过这个结果是对还是错的反馈，调整之前的行为。在不断的尝试和调整中，算法学习到在什么样的情况下选择什么样的行为可以得到最好的结果。此外，监督式学习的反馈是即时的，而强化学习的结果反馈有一定的延时，很可能需要走了很多步以后才知道之前某一步的选择是好还是坏。

1. 强化学习的 4 个元素

强化学习主要包含 4 个元素：智能体（Agent），环境状态（State），行动（Action），反馈（Reward），它们之间的关系如图 1.8 所示，详细定义如下所示。

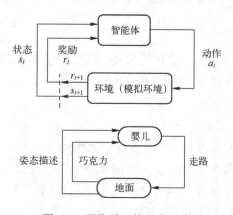

图 1.8　强化学习的 4 个元素

● 智能体：执行任务的客体，只能通过与环境互动来提升策略。
● 环境状态：在每一个时间节点，智能体所处环境的表示。
● 行动：在每一个环境状态中，智能体可以采取的动作。
● 反馈：每到一个环境状态，智能体就有可能会收到一个反馈。

2. 强化学习算法的目标

强化学习算法的目标是获得最多的累计奖励（正反馈）。以"幼童学习走路"为例：幼童学习走路时，没有人指导他应该如何完成"走路"，他需要通过不断的尝试和外界对他的反馈来学习。

在此例中，如图 1.8 所示，幼童即为 Agent，"走路"这个任务实际上包含站起来、保持平衡、迈出左腿、迈出右腿等几个阶段……幼童采取行动进行尝试，当他成功完成某个子任务时（如站起来），就会获得一个巧克力（正反馈）；当他做出了错误的动作时，他会被轻轻拍打一下（负反馈）。幼童通过不断尝试和调整，找出了一套最佳的策略，这套策略能使他获得最多的巧克力。显然，他学习的这套策略能使他顺利完成"走路"这个任务。

3．强化学习的特征

强化学习主要包括以下两个特征。

1）没有监督者，只有一个反馈信号。

2）反馈是延迟的，不是立即生成的。

强化学习是序列学习，时间在强化学习中具有重要的意义；Agent 的行为会影响以后所有的决策。

1.3.2　强化学习算法简介

强化学习主要可以分为 Model-Free（无模型）和 Model-Based（有模型）两大类。其中，Model-Free 算法又分成基于概率的和基于价值的。

1．Model-Free 和 Model-Based

如果 Agent 不需要去理解或计算环境模型，算法就是 Model-Free 的；相反，如果需要计算出环境模型，那么算法就是 Model-Based 的。实际应用中，研究者通常用如下方法进行判断：在 Agent 执行动作之前，它能否对下一步的状态和反馈做出预测。如果能，即是 Model-Based 方法；如果不能，即为 Model-Free 方法。

两种方法各有优劣，Model-Based 方法中，Agent 可以根据模型预测下一步的结果，并提前规划行动路径。但真实模型和学习到的模型是有误差的，这种误差会导致 Agent 虽然在模型中表现很好，但是在真实环境中可能达不到预期结果。Model-Free 的算法看似随意，但这恰好更易于研究者们去实现和调整。

2．基于概率的算法和基于价值的算法

基于概率的算法直接输出下一步要采取的各种动作的概率，然后根据概率采取行动。每种动作都有可能被选中，只是概率不同。基于概率算法的代表是 Policy-Gradient，而基于价值的算法输出的是所有动作的价值，然后根据最高价值来选择动作，相比基于概率的方法，基于价值的决策部分更为死板——只选价值最高的，而基于概率的算法即使某个动作的概率最高，但仍有可能不会被选到。基于价值的算法的代表算法为 Q-Learning。

1.3.3　强化学习的应用

1．交互性检索

交互性检索是在检索用户不能构建良好的检索式（关键词）的情况下，通过与检索平台交流互动并不断修改检索式，从而获得较准确检索结果的过程。

例如，当用户想要通过计算机搜索一个竞职演讲时，他不能提供直接的关键词，在交

互性检索中，机器作为 Agent，在不断的尝试中（提供给用户可能的问题答案）接受来自用户的反馈（对答案的判断），最终找到符合要求的结果。

2．新闻推荐

如图 1.9 所示，一次完整的推荐过程包含以下几个过程：用户点击 App 底部刷新或者下拉，后台获取到用户请求，并根据用户的标签召回候选新闻，推荐引擎则对候选新闻进行排序，最终给用户推出 10 条新闻，如此往复，直到用户关闭 App，停止浏览新闻。将用户持续浏览新闻的推荐过程看成一个决策过程，就可以通过强化学习来学习每一次推荐的最佳策略，从而使得用户从开始打开 App 开始到关闭 App 这段时间内的点击量最高。

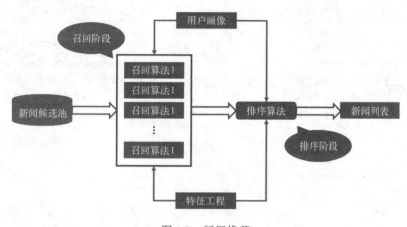

图 1.9　新闻推荐

在此例中，推荐引擎作为 Agent，通过连续的行动（即推送 10 篇新闻）获取来自用户的反馈（即点击）。如果用户点击了新闻，则为正反馈，否则为负反馈，从中学习出奖励最高（点击量最高）的策略。

1.4　本章小结

本章简要介绍了深度学习的应用领域。卷积神经网络可以模拟人类处理视觉信息的方式提取图像特征，极大地推动了计算机视觉领域的发展；自然语言处理是典型的时序信息分析问题，其主要应用包括句法分析、情感分类、机器翻译等；强化学习强调智能体与环境的交互与决策，具有广泛的应用价值。

通过引入深度学习，模型的函数拟合能力得到了显著提升，从而可以应用到一系列高层任务中。本章列出的三个应用领域只是举例，目前还有许多领域在深度学习技术的推动下进行着变革，有兴趣的读者可以深入了解。

第2章 深度学习框架及其对比

深度学习采用的是一种"端到端"的学习模式，在很大程度上减轻了研究人员的负担。但随着神经网络的发展，模型的复杂度也在不断提升。即使是在一个最简单的卷积神经网络中也会包含卷积层、池化层、激活层、Flatten 层、全连接层等。如果每搭建一个新的网络之前都需要重新实现这些层，势必会占用许多时间，因此各人深度学习框架应运而生了。框架存在的意义就是屏蔽底层的细节，使研究者可以专注于模型结构。目前较为流行的深度学习框架有 Caffe、TensorFlow 以及 Pytorch 等。本章将依次进行介绍。

2.1 Caffe

2.1.1 Caffe 简介

Caffe（Convolutional Architecture for Fast Feature Embedding）是一种常用的、可读性高的、快速深度学习框架，主要应用在视频、图像处理等方面。

Caffe 也是第一个主流的工业级深度学习工具，专精于图像处理。它有很多扩展，但是一些遗留的架构问题不够灵活，且对递归网络和语言建模的支持很差。对于基于层的网络结构，Caffe 的扩展性不好，用户如果想要增加层，需要自己来实现。

2.1.2 Caffe 的特点

Caffe 的基本工作流程是建立在神经网络的一个简单假设，所有的计算都是用层的形式表示的，网络层所做的事情就是输入数据，然后输出计算结果。例如，卷积就是输入一幅图像，然后与这一层的参数（filter）做卷积，最终输出卷积结果。每层需要两种函数计算：一种是 forward，从输入计算到输出；另一种是 backward，从上层 gradient 来计算相对于输入层的 gradient。这两个函数实现之后，就可以把许多层连接成一个网络，接着输入数据（图像、语音或其他原始数据），然后计算需要的输出（如识别的标签）。在训练时，可根据已有的标签计算 loss 和 gradient，然后用 gradient 更新网络中的参数。

  Caffe 是一个清晰而高效的深度学习框架，它基于纯粹的 C++/CUDA 架构，支持命令行、Python 和 MATLAB 接口，可以在 CPU 和 GPU 直接无缝切换。它的模型与优化都是通过配置文件来设置的，无须代码。Caffe 设计之初就做到了尽可能的模块化，允许对数据格式、网络层和损失函数进行扩展。Caffe 的模型定义是用 Protocol Buffer（协议缓冲区）语言写进配置文件，以任意有向无环图的形式。Caffe 会根据网络需要正确占用内存，通过一个函数调用实现 CPU 和 GPU 之间的切换。Caffe 每一个单一的模块都对应一个测试，使得测试的覆盖非常方便，同时提供 Python 和 MATLAB 接口，用这两种语法进行调用都是可行的。

2.1.3 Caffe 层及其网络

  Caffe 是一种对新手非常友好的深度学习框架模型，它的相应优化都以文本形式而非代码形式给出。它的网络都是有向无环图的集合，可以直接定义，如图 2.1 所示。

  数据及其导数以 blobs 的形式在层间流动，Caffe 层的定义由两部分组成：层属性与层参数，如图 2.2 所示。

```
name: "dummy-net"
layers {name: "data" ···}
layers {name: "conv" ···}
layers {name: "pool" ···}
layers {name: "loss" ···}
```

图 2.1 caffe 网络定义

```
name:"conv1"
type:CONVOLUTION
bottom:"data"
top:"conv1"
convolution_param{
    num_output:20
    kernel_size:5
    stride:1
    weight_filler{
        type: "xavier"
    }
}
```

图 2.2 Caffe 层定义

  图 2.2 的前 4 行代码是层属性，定义了层名称、层类型以及层连接结构（输入 blob 和输出 blob）；而后半部分是各种层参数。Blob 是用以存储数据的 4 维数组，例如，对于数据 Number*Channel*Height*Width，对于卷积权重 Output*Input*Height*Width，对于卷积偏置 Output*1*1*1。

  在 Caffe 模型中，网络参数的定义也非常方便，可以随意像图 2.3 所示那样设置相应参数。

```
# test_iter specifies how many forward passes the test should carry out.
# In the case of MNIST, we have test batch size 100 and 100 test iterations,
# covering the full 10,000 testing images.
test_iter: 100
# Carry out testing every 500 training iterations.
test_interval: 500
# The base learning rate, momentum and the weight decay of the network.
base_lr: 0.01
momentum: 0.9
weight_decay: 0.0005
# The learning rate policy
lr_policy: "inv"
gamma: 0.0001
power: 0.75
# Display every 100 iterations
display: 100
# The maximum number of iterations
max_iter: 10000
# snapshot intermediate results
snapshot: 5000
snapshot_prefix: "lenet"
# solver mode: CPU or GPU
solver mode: GPU
```

图 2.3　Caffe 参数配置

2.2　TensorFlow

2.2.1　TensorFlow 简介

TensorFlow 是一个采用数据流图（Data Flow Graphs）用于数值计算的开源软件库。节点（Nodes）在图中表示数学操作，图中的线（Edges）表示在节点间相互联系的多维数据数组，即张量（Tensor）。它灵活的架构使用户可以在多种平台上展开计算，如台式计算机中的一个或多个 CPU（或 GPU）、服务器、移动设备等。TensorFlow 最初由 Google 大脑小组（隶属于 Google 机器智能研究机构）的研究员和工程师们开发出来，用于机器学习和深度神经网络方面的研究，但这个系统的通用性使其也可广泛用于其他计算领域。

2.2.2　数据流图

如图 2.4 所示，数据流图用"结点"（Nodes）和"线"（Edges）的有向图来描述数学计算。"节点"一般用来表示施加的数学操作，但也可以表示数据输入（Feed In）的起点/输出（Push Out）的终点，或者是读取/写入持久变量（Persistent Variable）的终点。"线"表示"节点"之间的输入/输出关系。这些数据"线"可以输运"size 可动态调整"的多维数据数组，即"张量"。张量从图中流过的直观图像是这个工具取名为"TensorFlow"的原因。一旦输入端的所有张量准备完成，节点将被分配到各种计算设备完成异步并行地执行运算。

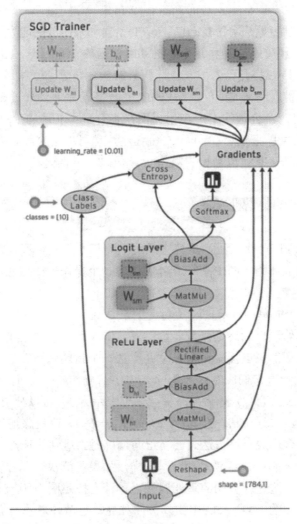

图 2.4 数据流图

2.2.3 TensorFlow 的特点

TensorFlow 不是一个严格的"神经网络"库。只要用户可以将计算表示为一个数据流图就可以使用 TensorFlow。用户负责构建图，描写驱动计算的内部循环，TensorFlow 提供有用的工具来帮助用户组装"子图"，当然用户也可以在 TensorFlow 基础上写自己的"上层库"。定义新复合操作与写一个 Python 函数一样容易。TensorFlow 的可扩展性相当强，如果用户找不到想要的底层数据操作，也可以自己写一些 C++代码来丰富底层的操作。

TensorFlow 可在 CPU 和 GPU 上运行，如在台式机、服务器、手机移动设备等。TensorFlow 支持将训练模型自动在多个 CPU 上规模化运算，以及将模型迁移到移动端后台。

基于梯度的机器学习算法会受益于 TensorFlow 自动求微分的能力。作为 TensorFlow 用户，只需要定义预测模型的结构，将这个结构和目标函数（Objective Function）结合在一起，并添加数据，TensorFlow 将自动为用户计算相关的微分导数。计算某个变量相对于其他变量的导数仅仅是通过扩展图来完成的，所以用户能一直清楚看到究竟在发生什么。

TensorFlow 还有一个合理的 C++使用界面，也有一个易用的 Python 使用界面来构建和执行 graphs。用户可以直接写 Python/C++程序，也可以用交互式的 Ipython 界面来用 TensorFlow 尝试些想法，它可以帮用户将笔记、代码、可视化等有条理地进行归置。

2.2.4 TensorFlow 的计算形式

TensorFlow 中的 Flow 代表流，是其完成运算的基本方式。流是指一个计算图或简单的一个图，图不能形成环路，图中的每个节点代表一个操作，如加法、减法等。每个操作都会形成新的张量。

如图 2.5 所示一个简单的计算图，所对应的表达式为：$e = (a+b)\times(b+1)$，计算图具有属性：叶子顶点或起始顶点始终是张量。意即，操作永远不会发生在图的开头，由此可以推断，图中的每个操作都应该接受一个张量并产生一个新的张量。同样，张量不能作为非叶子节点出现，这意味着它们应始终作为输入提供给操作/节点。计算图总是以层次顺序表达复杂的操作，通过将 $a+b$ 表示为 c，将 $b+1$ 表示为 d，可以分层次组织上述表达式。因此，可以将 e 写为 $e = (c)\times(d)$，这里 $c = a+b$ 且 $d = b+1$，以反序遍历图形而形成子表达式，这些子表达式组合形成最终表达式。当正向遍历时，遇到的顶点总是成为下一个顶点的依赖关系，如没有 a 和 b 就无法获得 c，同样，如果不解决 c 和 d 则无法获得 e。同级节点的操作彼此独立，这是计算图的重要属性之一。当按照图中所示的方式构造图时，很自然的是，在同一级中的节点，如 c 和 d，彼此独立，这意味着没有必要在计算 d 之前计算 c。因此它们可以并行执行。

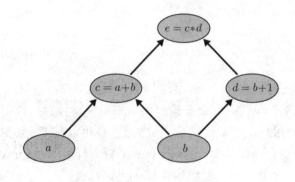

图 2.5   计算图

计算图的并行属性是最重要的属性之一，它清楚地表明：同级的节点是独立的，这意味着在 c 被计算之前不需空闲，可以在计算 c 的同时并行计算 d。TensorFlow 充分利用了这个属性。

TensorFlow 允许用户使用并行计算设备更快地执行操作。计算的节点或操作自动调度进行并行计算。这一切都发生在内部，例如在图 2.5 中，可以在 CPU 上调度操作 c，在GPU 上调度操作 d。图 2.6 展示了两种分布式执行的过程。

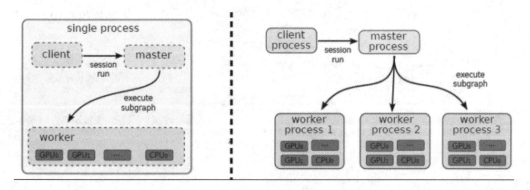

图 2.6　TensorFlow 并行

图 2.6 中，第一种是单个系统分布式执行，其中单个 TensorFlow 会话（将在稍后解释）创建单个 worker，并且该 worker 负责在各设备上调度任务。在第二种系统下，有多个 worker，它们可以在同一台机器上或不同的机器上，每个 worker 都在自己的上下文中运行。图 2.6 中，worker 进程 1 运行在独立的机器上，并调度所有可用设备进行计算。

计算子图是主图的一部分，其本身就是计算图。如在图 2.5 中可以获得许多子图，其中之一如图 2.7 所示。

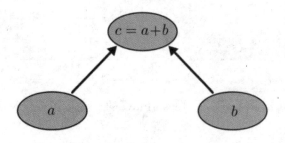

图 2.7　计算子图

图 2.7 是主图的一部分，从属性 2 可以看出子图总是表示一个子表达式，因为 c 是 e 的子表达式。子图也满足最后一个属性。同一级别的子图也相互独立，可以并行执行。因此可以在一台设备上调度整个子图。

如图 2.8 所示解释了子图的并行执行。这里有 2 个矩阵乘法运算，因为它们都处于同一级别，彼此独立，这符合最后一个属性。由于独立性的缘故，节点安排在不同的设备 gpu_0 和 gpu_1 上。

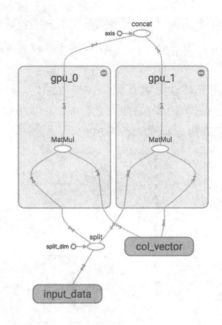

图 2.8　子图调度

TensorFlow 将其所有操作分配到由 worker 管理的不同设备上。更常见的是，worker 之间交换张量形式的数据，如在 $e=(c)*(d)$ 的图表中，一旦计算出 c，就需要将其进一步传递给 e，因此 Tensor 在节点间前向流动，如图 2.9 所示。

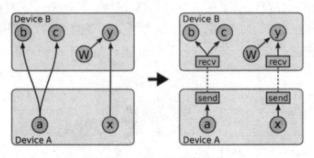

图 2.9　worker 间信息传递

通过以上介绍，希望读者可以对 TensorFlow 的一些基本特点和运转方式有大致了解。

2.3　PyTorch

2.3.1　PyTorch 简介

2017 年 1 月，Facebook 人工智能研究院（FAIR）团队在 GitHub 上开源了 PyTorch，并迅速占领了 GitHub 热度榜榜首。

作为一个 2017 年发布，具有先进设计理念的框架，PyTorch 的历史可追溯到 2002 年诞生于纽约大学的 Torch。Torch 使用 Lua 语言作为接口。Lua 语言简洁高效，但由于其过于小众，以至于很多人听说要掌握 Torch 必须新学一门语言就望而却步（其实 Lua 是一门比 Python 还简单的语言）。

考虑到 Python 在计算科学领域的领先地位，以及其生态完整性和接口易用性，几乎任何框架都不可避免地要提供 Python 接口。终于，在 2017 年，Torch 幕后团队推出了 PyTorch。PyTorch 不是简单地封装 Lua Torch 提供 Python 接口，而是对 Tensor 之上的所有模块进行了重构，并新增了最先进的自动求导系统，成为当下最流行的动态图框架之一。

2.3.2　PyTorch 的特点

TensorFlow 与 Caffe 都是命令式的编程语言，并且是静态的，即首先必须构建一个神经网络，然后重复使用同样的结构；如果想要改变网络的结构，就必须从头开始。但是 PyTorch 通过一种反向自动求导技术，可以让用户零延迟地任意改变神经网络的行为，尽管这项技术不是 PyTorch 独有，但目前为止它实现是最快的，这也是 PyTorch 对比 TensorFlow 最大的优势。

PyTorch 的设计思路是线性、直观且易于使用的，当用户执行一行代码时，它会忠实地执行，所以当用户的代码出现 Bug 时，可以通过这些信息轻松快捷地找到出错的代码，不会让用户在 Debug 时因为错误的指向或者异步及不透明的引擎浪费太多时间。

PyTorch 的代码相对于 TensorFlow 而言，更加简洁直观，同时相对于 TensorFlow 高度工业化且很难看懂的底层代码，PyTorch 的源代码要友好很多且更易看懂。深入 API 理解 PyTorch 底层肯定是一件令人高兴的事。

2.3.3　PyTorch 的最大优势

PyTorch 最大优势是建立了动态的神经网络，可以非常容易地输出每一步的调试结果，相对于其他框架，调试十分方便。

如图 2.10 和图 2.11 所示，PyTorch 是随着代码的运行逐步建立起来的，也就是说使用者并不需要在一开始就定义好全部的网络结构，而是可以随着编码的进行一点一点调试，相比于 TensorFlow 和 Caffe 的静态图而言，这种设计显得更加贴近一般人的编码习惯。

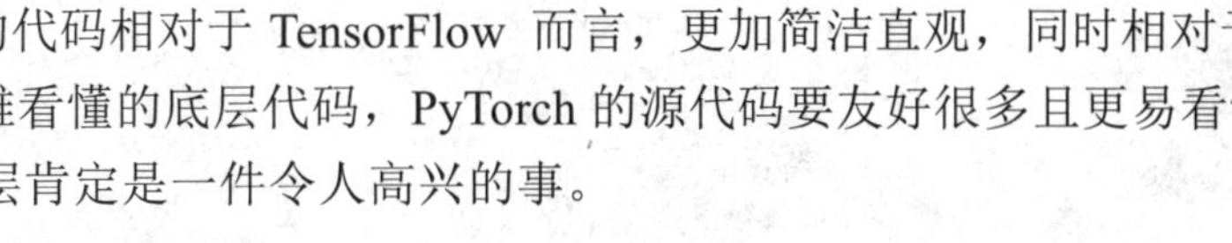

A graph is created on the fly

```
from torch.autograd import Variable

x = Variable(torch.randn(1, 10))
prev_h = Variable(torch.randn(1, 20))
W_h = Variable(torch.randn(20, 20))
W_x = Variable(torch.randn(20, 10))
```

图 2.10　动态图 1

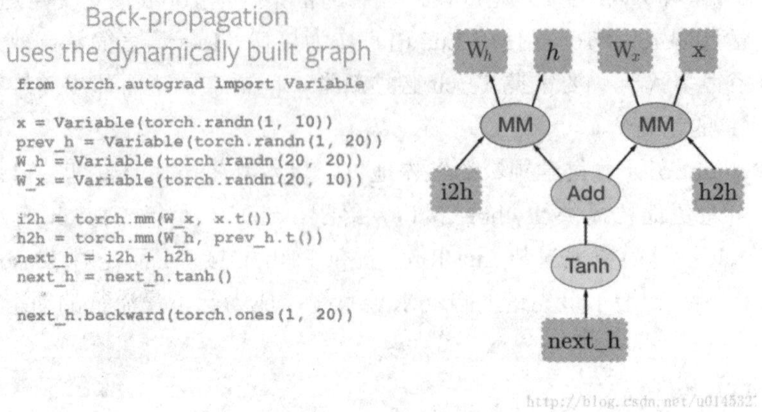

图 2.11　动态图 2

PyTorch 的代码示例如图 2.12 所示，相比于 TensorFlow、Caffe，其可读性更高，网络各层的定义与传播方法一目了然，甚至不需要过多的文档与注释，单凭代码就可以很容易理解其功能，因此成为许多初学者的首选。

```python
import torch.nn as nn
import torch.nn.functional as F

class LeNet(nn.Module):
    def __init__(self):
        super(LeNet, self).__init__()
        self.conv1 = nn.Conv2d(3, 6, 5)
        self.conv2 = nn.Conv2d(6, 16, 5)
        self.fc1 = nn.Linear(16 * 5 * 5, 120)
        self.fc2 = nn.Linear(120, 84)
        self.fc3 = nn.Linear(84, 10)

    def forward(self, x):
        x = F.max_pool2d(F.relu(self.conv1(x)), 2)
        x = F.max_pool2d(F.relu(self.conv2(x)), 2)
        x = x.view(-1, 16 * 5 * 5)
        x = F.relu(self.fc1(x))
        x = F.relu(self.fc2(x))
        x = self.fc3(x)
        return x
```

图 2.12　PyTorch 代码示例

2.4　三者的比较

1. Caffe

Caffe 的优点是简洁快速，缺点是缺少灵活性。Caffe 灵活性的缺失主要是因为它的设计缺陷。在 Caffe 中最主要的抽象对象是层，每实现一个新的层，必须要用 C++实现它的前向传播和反向传播代码；如果想要新层运行在 GPU 上，还需要同时利用 CUDA 实现这一层的前向传播和反向传播。这种限制使那些不熟悉 C++和 CUDA 的用户扩展 Caffe 时感到十分困难。

Caffe 凭借其易用性、简洁明了的源码、出众的性能和快速的原型设计获取了众多用户，曾经占据深度学习领域的半壁江山。但在深度学习新时代到来之时，Caffe 已经表现出明显的力不从心，诸多问题逐渐显现，包括灵活性缺失、扩展难、依赖众多环境难以配置、应用局限等。尽管在 GitHub 上还能找到许多基于 Caffe 的项目，但是新的项目已经越来越少。

Caffe 的作者从加州大学伯克利分校毕业后加入了 Google，参与过 TensorFlow 的开发，后来离开 Google 加入 FAIR，担任工程主管，并开发了 Caffe2。Caffe2 是一个兼具表现力、速度和模块性的开源深度学习框架。它沿袭了大量的 Caffe 设计，可解决多年来在 Caffe 的使用和部署中发现的瓶颈问题。同时 Caffe2 的设计追求轻量级，在保有扩展性和高性能的同时，也强调了便携性。Caffe2 从一开始就以性能、扩展、移动端部署作为主要设计目标，其核心 C++库能提供速度和便携性，而其 Python 和 C++ API 使用户可以轻松地在 Linux、Windows、iOS、Android、甚至 Raspberry Pi 和 NVIDIA Tegra 上进行原型设计、训练和部署。

Caffe2 继承了 Caffe 的优点，在速度上令人印象深刻。Facebook 人工智能实验室与应用机器学习团队合作，利用 Caffe2 大幅加速了机器视觉任务的模型训练过程，仅需 1 小时就可以训练完 ImageNet 这样超大规模的数据集。然而尽管已经发布多时，Caffe2 仍然是一个不太成熟的框架，官网至今没提供完整的文档，另外安装也比较麻烦，编译过程时常出现异常，在 GitHub 上也很少找到相应的代码。

极盛时，Caffe 占据了计算机视觉研究领域的半壁江山，虽然如今 Caffe 已经很少用于学术界，但仍有不少计算机视觉相关的论文使用 Caffe。由于其稳定、出众的性能，不少公司还在使用 Caffe 部署模型。Caffe2 尽管做了许多改进，但是还远没有达到替代 Caffe 的地步。

2. TensorFlow

TensorFlow 在很大程度上可以看作 Theano 的后继者，不仅因为它们有很大一批共同的开发者，而且还因为它们还拥有相近的设计理念——基于计算图实现自动微分系统。TensorFlow 使用数据流图进行数值计算，图中的节点代表数学运算，而图中的边则代表这些节点之间传递的多维数组（张量）。

TensorFlow 编程接口支持 Python 和 C++。随着 1.0 版本的公布，Java、Go、R 和 Haskell API 的 alpha 版本也被支持。此外，TensorFlow 还可在 Google Cloud 和 AWS 中运行。TensorFlow 还支持 Windows 7、Windows 10 和 Windows Server 2016 操作系统。由于 TensorFlow 使用 C++ Eigen 库，所以库可在 ARM 架构上编译和优化。这也就意味着用户可以在各种服务器和移动设备上部署自己的训练模型，无须执行单独的模型解码器或者加载 Python 解释器。

作为当前最流行的深度学习框架，TensorFlow 获得了极大的成功，但它也有一些不足之处，总结起来主要有以下 4 点。

- 过于复杂的系统设计。TensorFlow 在 GitHub 代码仓库的总代码量超过 100 万行。这么大的代码仓库，对于项目维护者而言是一个难以完成的任务，而对读者来说，学习 TensorFlow 底层运行机制更是一个极其痛苦的过程，并且大多数时候这种尝试以放弃告终。

- 频繁变动的接口。TensorFlow 的接口一直处于快速迭代之中，并且没有很好地考虑向后兼容性，这导致现在许多开源代码已经无法在新版的 TensorFlow 上运行，同时也间接导致了许多基于 TensorFlow 的第三方框架出现 BUG。

- 由于接口设计过于晦涩难懂，所以在设计 TensorFlow 时，创造了图、会话、命名空间、PlaceHolder 等诸多抽象概念，对普通用户来说难以理解。同一个功能，TensorFlow 提供了多种实现，这些实现良莠不齐，使用中还有细微的区别，很容易将用户带入坑中。

- TensorFlow 作为一个复杂的系统，文档和教程众多，但缺乏条理和层次，虽然查找很方便，但用户却很难找到一个真正循序渐进的入门教程。

由于直接使用 TensorFlow 的生产力过于低下，包括 Google 官方等众多开发者都尝试基于 TensorFlow 构建一个更易用的接口，包括 Keras、Sonnet、TFLearn、TensorLayer、Slim、Fold、PrettyLayer 等第三方框架每隔几个月就会在新闻中出现一次，但是又大多归于沉寂，至今 TensorFlow 仍没有一个统一易用的接口。

纵然有缺陷，但是凭借 Google 着强大的推广能力，TensorFlow 仍然成为当今最炙手可热的深度学习框架。另外，由于 Google 对 TensorFlow 略显严格的把控，目前各大公司都在开发自己的深度学习框架。

3．PyTorch

PyTorch 是当前难得的简洁优雅且高效快速的框架。PyTorch 的设计追求最少的封装，尽量避免重复造轮子。不像 TensorFlow 中充斥着 session、graph、operation、name_scope、variable、tensor 等全新的概念，PyTorch 的设计遵循 tensor→variable(autograd)→nn.Module 3 个由低到高的抽象层次，分别代表高维数组（张量）、自动求导（变量）和神经网络（层/模块），并且这三个抽象之间联系紧密，可以同时进行修改和操作。

简洁的设计带来的另外一个好处就是代码易于理解。PyTorch 的源码只有 TensorFlow 的十分之一左右，更少的抽象、更直观的设计使得 PyTorch 的源码十分易于阅读。

PyTorch 的灵活性不以速度为代价，在许多评测中，PyTorch 的速度胜过 TensorFlow 和 Keras 等框架。框架的运行速度和程序员的编码水平有极大关系，但同样的算法，使用 PyTorch 更有可能快过于其他框架。

同时，PyTorch 是所有的框架中面向对象设计最优雅的一个。PyTorch 面向对象的接口设计来源于 Torch，而 Torch 的接口设计以灵活易用著称，Keras 作者最初受 Torch 的启发开发了 Keras。所以 PyTorch 继承了 Torch 的衣钵，尤其是 API 的设计和模块的接口都与 Torch 高度一致。PyTorch 的设计最符合人类的思维，它让用户尽可能地专注于实现自己的想法，即所思即所得，不需要考虑太多关于框架本身的束缚。

PyTorch 提供了完整的文档，循序渐进的指南，作者亲自维护论坛供用户交流和求教问题。Facebook 人工智能研究院对 PyTorch 提供了强力支持，作为当今排名前三的深度学习研究机构，FAIR 的支持足以确保 PyTorch 获得持续的开发更新。

在 PyTorch 推出不到一年的时间内，各类深度学习问题都会利用 PyTorch 实现的解决方案在 GitHub 上开源。同时也有许多新发表的论文采用 PyTorch 作为工具，PyTorch 正在受到越来越多人的追捧。如果说 TensorFlow 的设计是 "Make It Complicated"、Keras 的设计是 "Make It Complicated And Hide It"，那么，PyTorch 的设计真正做到了 "Keep it Simple, Stupid"。

但由于推出时间较短，在 Github 上并没有 Caffe 或 TensorFlow 那样多的代码实现，使用 TensorFlow 能找到很多别人的代码，而对于 PyTorch 的使用者，可能需要自己完成很多的代码实现。

2.5 本章小结

本章介绍了三种常用的机器学习框架，其中 TensorFlow 和 PyTorch 是目前最流行的两种开源框架。在以往版本的实现中，TensorFlow 主要提供静态图构建的功能，因此具有较高的运算性能，但是模型的调试分析成本较高。PyTorch 主要提供动态图计算的功能，API 涉及接近 Python 原生语法，因此易用性较好，但是在图形优化方面不如 TensorFlow。这样的特点使 TensorFlow 被大量用于 AI 企业的模型部署，而学术界则大量使用 PyTorch 进行研究。不过目前我们也看到两种框架正在吸收对方的优势，如 TensorFlow 的 eager 模式就是对动态图的一种尝试。另外，目前也有许多不那么流行，却同样独具特色的机器学习框架，如 PaddlePaddle、MXNet、XGBoost 等，有兴趣的读者可以深入了解。

第3章 机器学习基础知识

深度学习是机器学习的一个重要分支，因此有必要向大家介绍机器学习的基础知识。本章首先介绍模型评估与模型参数选择，因为它们在深度学习中具有相当重要的地位。然后简要介绍监督学习与非监督学习。虽然大多数基础的深度学习模型都是基于监督学习的，但随着模型复杂度的提高，模型对数据的需求量也日益增加。因此，许多研究者都在尝试将非监督学习应用到深度学习中，以获得更佳廉价的训练数据。

3.1 模型评估与模型参数选择

如何评估一些训练好的模型并从中选择最优的模型参数？对于给定输入 x，若某个模型的输出 $\hat{y} = f(x)$ 偏离真实目标值 y，则说明模型存在**误差**；$\hat{y}$ 偏离 y 的程度可以用关于 $\hat{y}$ 和 y 某个函数 $L(y, \hat{y})$ 表示，作为误差的度量标准，这样的函数 $L(y, \hat{y})$ 称为损失函数。

在某个损失函数度量下，训练集上的平均误差被称为**训练误差**，测试集上的误差被称为**泛化误差**。由于我们训练得到一个模型最终的目的是在未知数据上得到尽可能准确的结果，因此泛化误差是衡量一个模型泛化能力的重要标准。

之所以不能把训练误差作为模型参数选择的标准，是因为训练集可能存在两方面问题：一是训练集样本太少，缺乏代表性；二是训练集中本身存在错误的样本，即**噪声**。

如果片面追求训练误差的最小化，会导致模型参数复杂度增加，使模型**过拟合**（Overfitting），如图 3.1 所示。

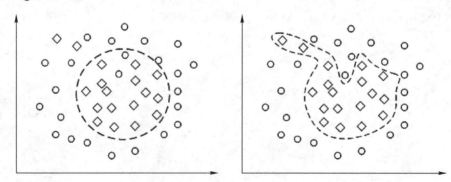

图 3.1　拟合与过拟合

为了选择效果最佳的模型，防止过拟合的问题，通常可以采取的方法有如下两种。

● 使用验证集调参。

● 对损失函数进行正则化。

3.1.1 验证

模型不能过拟合于训练集，否则将不能在测试集上得到最优结果；但是否能直接以测试集上的表现来选择模型参数呢？答案是否定的。因为这样的模型参数将会是针对某个特定测试集的，得出的评价标准将会失去其公平性，失去了与其他同类或不同类模型相比较的意义。

这就好比如要证明某位学生学习某门课程的能力比别人强（模型算法的有效性），则需要让他与其他学生听一样的课、做一样的练习（相同的训练集），然后以这些学生没做过的题目测试他们（测试集与训练集不能交叉）；但是如果我们直接在测试集上调参，那就相当于让这位学生针对考试题复习，这样与其他学生的测试比较显然是不公平的。

因此参数的选择（即调参）必须在一个独立于训练集和测试集的数据集上进行，这样的用于模型调参的数据集被称为**开发集**或**验证集**。

然而很多时候我们能得到的数据量非常有限，这时我们可以不显式地使用验证集，而是重复使用训练集和测试集，也就是**交叉验证**。常用的交叉验证方法有如下两种。

● 简单交叉验证：在训练集上使用不同超参数训练，再使用测试集选出最佳的一组超参数设置。
● K-重交叉验证（K-fold cross validation）：将数据集划分成 K 等份，每次使用其中一份作为测试集（剩余的为训练集），进行 K 次之后，选择最佳的模型。

3.1.2 正则化

为了避免过拟合，需要选择参数复杂度最小的模型。这是因为如果有两个效果相同的模型，而它们的参数复杂度不相同，那么冗余的复杂度一定是由于过拟合导致的。为了选择复杂度较小的模型，需在优化目标中加入**正则化项**，以惩罚冗余的复杂度：

$$\min_{\theta} L(y, \hat{y}; \theta) + \lambda \cdot J(\theta)$$

其中，θ 为模型参数；$L(y, \hat{y}; \theta)$ 为原来的损失函数；$J(\theta)$ 是正则化项；λ 用于调整正则化项的权重。正则化项通常为 θ 的某阶向量范数。

3.2 监督学习与非监督学习

模型与最优化算法的选择，很大程度上取决于能得到什么样的数据。如果数据集中样本点只包含模型的输入 x，则需要采用非监督学习算法；如果这些样本点以 $\langle x, y \rangle$ 输入-输出二元组的形式出现，则可以采用监督学习算法。

3.2.1 监督学习

在监督学习中，我们根据训练集 $\{\langle x^{(i)}, y^{(i)} \rangle\}_{i=1}^{N}$ 中的观测样本点来优化模型 $f(\cdot)$，使得给定测试样例 x' 作为模型输入，输出 $\hat{y}$ 尽可能接近正确输出 y'。

监督学习算法主要适用于两大类问题：回归和分类。它们的区别在于，回归问题的输出是连续值，分类问题的输出是离散值。

1. 回归

回归问题在生活中非常常见，其最简单的形式是一个连续函数的拟合。如果一个购物网站想要计算出其在某个时期的预期收益，研究人员会将相关因素，如广告投放量、网站流量、优惠力度等，纳入自变量，根据现有数据拟合函数，得到未来某一时刻的预测值。

回归问题中通常使用均方损失函数作为度量模型效果的指标，最简单的求解例子是最小二乘法。

2. 分类

分类也是生活中非常常见的一类问题，如从金融市场的交易记录中分类出正常的交易记录以及潜在的恶意交易。

度量分类问题的指标通常为**准确率**（Accuracy）：对于测试集中 D 个样本，有 k 个被正确分类，有 $D\text{-}k$ 个被错误分类，则准确率的计算方式为：

$$Accuracy = \frac{k}{D}$$

然而在一些特殊的分类问题中，属于各类的样本并不是均一分布，甚至出现概率相差很多个数量级的情况，这就是**不平衡类问题**。在不平衡类问题中，准确率没有多大意义。例如，检测一批产品是否为次品时，若次品出现的频率为 1%，那么即使某个模型完全不能识别次品，只要它每次都"蒙"这件产品不是次品，它仍然能够达到 99%的准确率。显然我们需要一些别的指标。

通常在不平衡类问题中，使用 **F-度量**来作为评价模型的指标。以二元不平衡分类问题为例，这种分类问题往往是异常检测，模型的好坏往往取决于能否很好地检出异常，同时尽可能不误报异常。其中定义占样本少数的类为**正类**（Positive class），占样本多数的类为**负类**（Negative class），预测只可能出现以下 4 种状况。

- 将正类样本预测为正类（True Positive, TP）。
- 将负类样本预测为正类（False Positive, FP）。
- 将正类样本预测为负类（False Negative, FN）。
- 将负类样本预测为负类（True Negative, TN）。

定义**召回率**（Recall）：

$$R = \frac{|TP|}{|TP| + |FN|}$$

召回率度量了在所有的正类样本中，模型正确检出的比率，因此也被称为**查全率**。

定义**精确率**（Precision）：

$$P = \frac{|TP|}{|TP| + |FP|}$$

精确率度量了在所有被模型预测为正类的样本中，正确预测的比率，因此也被称**查准率**。

F-度量是在召回率与精确率之间调和平均数；有时候在实际问题上，若我们更看重其中某一个度量，还可以给它加上一个权值 α，称为 F_α-度量：

$$F_\alpha = \frac{(1 + \alpha^2)RP}{R + \alpha^2 P}$$

当 $\alpha = 1$ 时：

$$F_1 = \frac{2RP}{R + P}$$

可以看到，如果模型"不够警觉"，没有检测出一些正类样本，那么召回率就会受损；而如果模型倾向于"滥杀无辜"，精确率就会下降。因此较高的 F-度量意味着模型倾向于"不冤枉一个好人，也不放过一个坏人"，是一个较为适合不平衡类问题的指标。

可用于分类问题的模型很多，如 Logistic 回归分类器、决策树、支持向量机、感知器、神经网络等。

3.2.2　非监督学习

在非监督学习中，数据集 $\{x^{(i)}\}_{i=1}^N$ 中只有模型的输入，并不提供正确的输出 $y^{(i)}$ 作为监督信号。

非监督学习通常用于这样的分类问题：给定一些样本的特征值，而不给出它们正确的分类，也不给出所有可能的类别，而是通过学习确定这些样本可以分为哪些类别、它们各自属于哪一类。因此，这一类问题被称为**聚类**。

非监督学习得到的模型效果应使用何种指标衡量呢？由于通常没有正确的输出 y，我们采取如下方法度量其模型效果。

- 直观检测：这是一种非量化的方法。例如对文本的主题进行聚类，我们可以在直观上判断属于同一类的文本是否具有某个共同的主题，是否有明显的语义上的共同点。由于这种评价非常主观，通常不采用。
- 基于任务的评价：如果聚类得到的模型被用于某个特定的任务，我们可以维持该任务中其他的设定不变，而使用不同的聚类模型，通过某种指标度量该任务的最终结果来间接判断聚类模型的优劣。
- 人工标注测试集：有时候采用非监督学习的原因是人工标注成本过高，导致标注数据缺乏，只能使用无标注数据来训练。在这种情况下，可以人工标注少量的数据作为测试集，用于建立量化的评价指标。

3.3　本章小结

　　本章对机器学习的基础知识进行了介绍，这部分是理解后续高级操作的基础，需要读者认真消化。监督学习与非监督学习主要针对数据集定义。有监督数据集需要人工标注，成本较为昂贵，但是在训练模型时往往能够保障效果。无监督数据集一般不需要过多人工操作，可以通过爬虫等方式自动大量获得。由于没有监督信息的约束，需要设计巧妙的学习算法才能有效利用无监督数据集训练模型，不过大量廉价数据可以从另一个方面提高模型性能。模型评估需要根据模型的训练历史判断模型是否处于欠拟合或过拟合状态。尽管有一定的规律作为指导，而且有一些工具可以辅助分析，但是模型的评估过程一般需要较为丰富的经验。读者可以在深度学习试验中有意识地训练自己的模型评估能力。

第4章 PyTorch 深度学习基础

在介绍 PyTorch 之前，读者需要先了解 Numpy。Numpy 是一种用于科学计算的框架，它提供了一个 N 维矩阵对象 ndarray，初始化、计算 ndarray 的函数，以及变换 ndarray 形状和组合拆分 ndarray 的函数。

PyTorch 的 Tensor 与 Numpy 的 ndarray 十分类似，但是 Tensor 具备两个 ndarray 不具备，但是对于深度学习来说非常重要的功能：一是 Tensor 能用 GPU 计算。GPU 根据芯片性能的不同，在进行矩阵运算时，能比 CPU 快几十倍；二是 Tensor 在计算时能够作为结点自动加入计算图中，而计算图可以为其中的每个结点自动计算微分。下面，我们首先介绍 Tensor 对象及其运算。后文给出的代码都依赖于以下两个模块。

```
import torch
import numpy as np
```

4.1 Tensor 对象及其运算

Tensor 对象是一个维度任意的矩阵，但 Tensor 中所有元素的数据类型必须一致。Torch 包含的数据类型与普通编程语言的数据类型类似，包含浮点型、有符号整型和无符号整型，这些类型既可以定义在 CPU 上，也可以定义在 GPU 上。在使用 Tensor 数据类型时，可通过 dtype 属性指定数据类型，通过 device 指定设备（CPU 或者 GPU）。

```
1 #torch.tensor
2 print('torch.Tensor 默认为:{}'.format(torch.Tensor(1).dtype))
3 print('torch.tensor 默认为:{}'.format(torch.tensor(1).dtype))
4 # 可以用 list 构建
5 a = torch.tensor([[1,2],[3,4]], dtype=torch.float64)
6 # 也可以用 ndarray 构建
7 b = torch.tensor(np.array([[1,2],[3,4]]), dtype=torch.uint8)
8 print(a)
9 print(b)
10
11 # 通过 device 指定设备
12 cuda0 = torch.device('cuda:0')
13 c = torch.ones((2,2), device=cuda0)
```

```
14 print(c)
>>> torch.Tensor 默认为:torch.float32
>>> torch.tensor 默认为:torch.int64
>>> tensor([[1., 2.],
          [3., 4.]], dtype=torch.float64)
>>> tensor([[1, 2],
          [3, 4]], dtype=torch.uint8)
>>> tensor([[1., 1.],
          [1., 1.]], device='cuda:0')
```

通过 device 指定在 GPU 上定义变量后，可在终端通过 nvidia-smi 命令查看显存占用。同时 Torch 还支持在 CPU 和 GPU 之间复制变量。

```
1 c = c.to('cpu', torch.double)
2 print(c.device)
3 b = b.to(cuda0, torch.float)
4 print(b.device)
>>> cpu
>>> cuda:0
```

对 Tensor 执行算术运算符的运算时，是两个矩阵对应元素的运算。torch.mm 执行矩阵乘法计算。

```
1 a = torch.tensor([[1,2],[3,4]])
2 b = torch.tensor([[1,2],[3,4]])
3 c = a * b
4 print("逐元素相乘:", c)
5 c = torch.mm(a, b)
6 print("矩阵乘法: ", c)
>>> 逐元素相乘: tensor([[ 1,  4],
        [ 9, 16]])
>>> 矩阵乘法: tensor([[ 7, 10],
        [15, 22]])
```

此外，还有一些具有特定功能的函数，如 torch.clamp 起的是分段函数的作用，可用于去掉矩阵中过小或者过大的元素；torch.round 可以将小数部分化整；torch.tanh 用来计算双曲正切函数，该函数可以将数值映射到(0,1)之间。

```
1 a = torch.tensor([[1,2],[3,4]])
2 torch.clamp(a, min=2, max=3)
>>> tensor([[2, 2],
          [3, 3]])
1 a = torch.tensor([-1.1, 0.5, 0.501, 0.99])
2 torch.round(a)
```

```
>>> tensor([[2, 2],
        [3, 3]])
1 a = torch.Tensor([-3,-2,-1,-0.5,0,0.5,1,2,3])
2 torch.tanh(a)
>>> tensor([-0.9951, -0.9640, -0.7616, -0.4621,  0.0000,  0.4621,  0.7616,
0.9640,
        0.9951])
```

除了直接从 ndarray 或 list 类型的数据中创建 Tensor 外，PyTorch 还提供了一些函数可直接创建数据（这类函数往往需要提供矩阵的维度）。torch.arange 与 Python 内置的 range 的使用方法基本相同，其第 3 个参数是步长。torch.linspace 第 3 个参数指定返回的个数，torch.ones 返回全 1 矩阵、torch.zeros 返回全 0 矩阵。

```
1 print(torch.arange(5))
2 print(torch.arange(1,5,2))
3 print(torch.linspace(0,5,10))
>>> tensor([0, 1, 2, 3, 4])
>>> tensor([1, 3])
>>> tensor([0.0000, 0.5556, 1.1111, 1.6667, 2.2222, 2.7778, 3.3333, 3.8889,
4.4444,
        5.0000])
1 print(torch.ones(3,3))
2 print(torch.zeros(3,3))
>>> tensor([[1., 1., 1.],
        [1., 1., 1.],
        [1., 1., 1.]])
>>> tensor([[0., 0., 0.],
        [0., 0., 0.],
        [0., 0., 0.]])
```

torch.rand 返回[0,1]之间均匀分布采样的元素所组成的矩阵，torch.randn 返回从正态分布采样的元素所组成的矩阵。torch.randint 返回指定区间均匀分布采样的随机整数所生成的矩阵。

```
1 torch.rand(3,3)
>>> tensor([[0.0388, 0.6819, 0.3144],
        [0.7826, 0.0966, 0.4319],
        [0.6758, 0.2630, 0.9727]])
1 torch.randn(3,3)
>>> tensor([[-0.6956,  0.6792,  0.8957],
        [ 0.2271,  0.9885, -0.7817],
        [-0.2658,  1.5465, -0.2519]])
>>>
```

```
1 torch.randint(0, 9, (3,3))
>>> tensor([[5, 2, 7],
          [8, 4, 8],
          [2, 1, 4]])
```

4.2 Tensor 的索引和切片

Tensor 不仅支持基本的索引和切片操作，还支持 ndarray 中的高级索引（整数索引和布尔索引）操作。

```
1 a = torch.arange(9).view(3,3)
2 # 基本索引
3 a[2,2]
>>> tensor(8)
1 #切片
2 a[1:, :-1]
>>> tensor([[3, 4],
          [6, 7]])
1 #带步长的切片（PyTorch 现在不支持负步长）
2 a[::2]
>>> tensor([[0, 1, 2],
          [6, 7, 8]])
1 # 整数索引
2 rows = [0, 1]
3 cols = [2, 2]
4 a[rows, cols]
>>> tensor([2, 5])
1 #  布尔索引
2 index = a>4
3 print(index)
4 print(a[index])
>>> tensor([[0, 0, 0],
          [0, 0, 1],
          [1, 1, 1]], dtype=torch.uint8)
>>> tensor([5, 6, 7, 8])
```

torch.nonzero 用于返回非零值的索引矩阵。

```
1 a = torch.arange(9).view(3, 3)
2 index = torch.nonzero(a >= 8)
3 print(index)
>>> tensor([[2, 2]])
```

```
1 a = torch.randint(0, 2, (3,3))
2 print(a)
3 index = torch.nonzero(a)
4 print(index)
>>> tensor([[0, 0, 1],
        [0, 0, 1],
        [1, 1, 0]])
>>> tensor([[0, 2],
        [1, 2],
        [2, 0],
        [2, 1]])
```

torch.where(condition, x, y)判断 condition 的条件是否满足，当某个元素满足时，则返回对应矩阵 x 相同位置的元素，否则返回矩阵 y 的元素。

```
1 x = torch.randn(3, 2)
2 y = torch.ones(3, 2)
3 print(x)
4 print(torch.where(x > 0, x, y))
>>> tensor([[ 0.0914, -0.8913],
        [-0.0046,  0.0617],
        [ 1.0744, -1.2068]])
>>> tensor([[0.0914, 1.0000],
        [1.0000, 0.0617],
        [1.0744, 1.0000]])
```

4.3 Tensor 的变换、拼接和拆分

PyTorch 提供了大量对 Tensor 进行操作的函数或方法，这些函数内部使用指针实现对矩阵的形状变换、拼接和拆分等操作，使得我们无须关心 Tensor 在内存的物理结构或者管理指针就可以方便快速地执行这些操作。Tensor.nelement()、Tensor.ndimension()或 ndimension.size()可分别用于查看矩阵元素的个数、轴的个数以及维度，属性 Tensor.shape 也可以用于查看 Tensor 的维度。

```
1 a = torch.rand(1,2,3,4,5)
2 print("元素个数", a.nelement())
3 print("轴的个数", a.ndimension())
4 print("矩阵维度", a.size(), a.shape)
>>> 元素个数 120
>>> 轴的个数 5
```

```
>>> 矩阵维度 torch.Size([1, 2, 3, 4, 5]) torch.Size([1, 2, 3, 4, 5])
```

在 PyTorch 中，Tensor.reshape 和 Tensor.view 都能被用于更改 Tensor 的维度。它们的区别在于：Tensor.view 要求 Tensor 的物理存储必须是连续的，否则将报错，而 Tensor.reshape 则没有这种要求。但是，Tensor.view 返回的一定是一个索引，若更改返回值，则原始值同样被更改，Tensor.reshape 返回的是引用还是拷贝是不确定的。它们的相同之处是都接收要输出的维度作为参数，且输出的矩阵元素个数不能改变，若在维度中输入-1，PyTorch 会自动推断它的数值。

```
1 b = a.view(2*3,4*5)
2 print(b.shape)
3 c = a.reshape(-1)
4 print(c.shape)
5 d = a.reshape(2*3, -1)
6 print(d.shape)
>>> torch.Size([6, 20])
>>> torch.Size([120])
>>> torch.Size([6, 20])
```

torch.squeeze 和 torch.unsqueeze 用于给 Tensor 去掉和添加轴。torch.squeeze 可以去掉维度为 1 的轴，而 torch.unsqueeze 用于给 Tensor 的指定位置添加一个维度为 1 的轴。

```
1 b = torch.squeeze(a)
2 b.shape
>>> torch.Size([2, 3, 4, 5])
1 torch.unsqueeze(b, 0).shape
```

torch.t 和 torch.transpose 用于转置二维矩阵，同时只接收二维 Tensor。值得注意的是，torch.t 是 torch.transpose 的简化版。

```
1 a = torch.tensor([[2]])
2 b = torch.tensor([[2, 3]])
3 print(torch.transpose(a, 1, 0,))
4 print(torch.t(a))
5 print(torch.transpose(b, 1, 0,))
6 print(torch.t(b))
>>> tensor([[2]])
>>> tensor([[2]])
>>> tensor([[2],
            [3]])
>>> tensor([[2],
            [3]])
```

对于高维度 Tensor，可以使用 permute 方法来变换维度。

```
1 a = torch.rand((1, 224, 224, 3))
2 print(a.shape)
3 b = a.permute(0, 3, 1, 2)
4 print(b.shape)
>>> torch.Size([1, 224, 224, 3])
>>> torch.Size([1, 3, 224, 224])
```

PyTorch 提供了 torch.cat 和 torch.stack 用于拼接矩阵，区别在于：torch.cat 在已有的轴 dim 上拼接矩阵，给定轴的维度可以不同，而其他轴的维度必须相同。torch.stack 在新的轴上拼接，同时它要求被拼接矩阵的所有维度都相同。下面的例子中可以很清楚地表明它们的使用方式和区别。

```
1 a = torch.randn(2, 3)
2 b = torch.randn(3, 3)
3
4 # 默认维度为 dim=0
5 c = torch.cat((a, b))
6 d = torch.cat((b, b, b), dim = 1)
7
8 print(c.shape)
9 print(d.shape)
>>> torch.Size([5, 3])
>>> torch.Size([3, 9])
1 c = torch.stack((b, b), dim=1)
2 d = torch.stack((b, b), dim=0)
3 print(c.shape)
4 print(d.shape)
>>> torch.Size([3, 2, 3])
>>> torch.Size([2, 3, 3])
```

除了拼接矩阵外，PyTorch 还提供了 torch.split 和 torch.chunk 用于拆分矩阵。它们的不同之处在于：torch.split 传入的是拆分后每个矩阵的大小，既可以传入 list，也可以传入整数，而 torch.chunk 传入的是拆分的矩阵个数。

```
1 a = torch.randn(10, 3)
2 for x in torch.split(a, [1,2,3,4], dim=0):
3   print(x.shape)
>>> torch.Size([1, 3])
>>> torch.Size([2, 3])
>>> torch.Size([3, 3])
```

```
>>> torch.Size([4, 3])
1 for x in torch.split(a, 4, dim=0):
2     print(x.shape)
>>> torch.Size([4, 3])
>>> torch.Size([4, 3])
>>> torch.Size([2, 3])
1 for x in torch.chunk(a, 4, dim=0):
2     print(x.shape)
>>> torch.Size([3, 3])
>>> torch.Size([3, 3])
>>> torch.Size([3, 3])
>>> torch.Size([1, 3])
```

4.4　PyTorch 的 Reduction 操作

Reduction 运算的特点是它往往对一个 Tensor 内的元素做归约操作，如 torch.max 找极大值，torch.cumsum 计算累加。另外它还提供了 dim 参数来指定沿矩阵的哪个维度执行操作。

```
1 # 默认求取全局最大值
2 a = torch.tensor([[1,2],[3,4]])
3 print("全局最大值: ", torch.max(a))
4 # 指定维度 dim 后，返回最大值及其索引
5 torch.max(a, dim=0)
>>> 全局最大值: tensor(4)
>>> (tensor([3, 4]), tensor([1, 1]))
1 a = torch.tensor([[1,2],[3,4]])
2 print("沿着横轴计算每一列的累加: ")
3 print(torch.cumsum(a, dim=0))
4 print("沿着纵轴计算每一行的累乘: ")
5 print(torch.cumprod(a, dim=1))
>>> 沿着横轴计算每一列的累加:
>>> tensor([[1, 2],
           [4, 6]])
>>> 沿着纵轴计算每一行的累乘:
>>> tensor([[ 1,  2],
           [ 3, 12]])
1 # 计算矩阵的均值，中值，协方差
2 a = torch.Tensor([[1,2],[3,4]])
```

```
3 a.mean(), a.median(), a.std()
>>> (tensor(2.5000), tensor(2.), tensor(1.2910))
1 # torch.unique 用来找出矩阵中出现了哪些元素
2 a = torch.randint(0, 3, (3, 3))
3 print(a)
4 print(torch.unique(a))
>>> tensor([[0, 0, 0],
        [2, 0, 2],
        [0, 0, 1]])
>>> tensor([1, 2, 0])
```

4.5 PyTorch 的自动微分 Autograd

当 Tensor 的 requires_grad 属性设置为 True 时，PyTorch 的 torch.autograd 会自动追踪它的计算轨迹。当需要计算微分时，只需要对最终计算结果的 Tensor 调用 backward 方法，中间所有计算结点的微分就会被保存在 grad 属性中。

```
1 x = torch.arange(9).view(3,3)
2 x.requires_grad
>>> False
1 x = torch.rand(3, 3, requires_grad=True)
2 print(x)
>>> tensor([[0.0018, 0.3481, 0.6948],
        [0.4811, 0.8106, 0.5855],
        [0.4229, 0.7706, 0.4321]], requires_grad=True)
1 w = torch.ones(3, 3, requires_grad=True)
2 y = torch.sum(torch.mm(w, x))
3 y
>>> tensor(13.6424, grad_fn=<SumBackward0>)
1 y.backward()
2 print(y.grad)
3 print(x.grad)
4 print(w.grad)
>> None
>>> tensor([[3., 3., 3.],
        [3., 3., 3.],
        [3., 3., 3.]])
>>> tensor([[1.1877, 0.9406, 1.6424],
        [1.1877, 0.9406, 1.6424],
        [1.1877, 0.9406, 1.6424]])
```

Tensor.detach 会将 Tensor 从计算图剥离出去，不再计算它的微分

```
1 x = torch.rand(3, 3, requires_grad=True)
2 w = torch.ones(3, 3, requires_grad=True)
3 print(x)
4 print(w)
5 yy = torch.mm(w, x)
6
7 detached_yy = yy.detach()
8 y = torch.mean(yy)
9 y.backward()
10
11 print(yy.grad)

12 print(detached_yy)
13 print(w.grad)
14 print(x.grad)
>>> tensor([[0.3030, 0.6487, 0.6878],
        [0.4371, 0.9960, 0.6529],
        [0.4750, 0.4995, 0.7988]], requires_grad=True)
>>> tensor([[1., 1., 1.],
        [1., 1., 1.],
        [1., 1., 1.]], requires_grad=True)
>>> None
>>> tensor([[1.2151, 2.1442, 2.1395],
        [1.2151, 2.1442, 2.1395],
        [1.2151, 2.1442, 2.1395]])
>>> tensor([[0.1822, 0.2318, 0.1970],
        [0.1822, 0.2318, 0.1970],
        [0.1822, 0.2318, 0.1970]])
>>> tensor([[0.3333, 0.3333, 0.3333],
        [0.3333, 0.3333, 0.3333],
        [0.3333, 0.3333, 0.3333]])
```

with torch.no_grad():包括的代码段不会计算微分

```
1 y = torch.sum(torch.mm(w, x))
2 print(y.requires_grad)
3
4 with torch.no_grad():
5   y = torch.sum(torch.mm(w, x))
6   print(y.requires_grad)
>>> True
>>> False
```

4.6 本章小结

　　本章介绍了 PyTorch 框架的基本使用方法和工作原理。Tensor 的中文名为张量，本质上是一个多维矩阵。通过后文的介绍读者将会很自然地理解 Tensor 在深度学习计算中的重要地位，因此本章讲述的 Tensor 基本操作需要重点掌握。另一方面，PyTorch 的动态图计算依赖于强大的自动微分功能。理解自动微分虽然不会帮助读者提升编程技能，但是可以使读者更容易理解 PyTorch 的底层计算过程，从而理解梯度的反向传播等操作。

第5章 回归模型

回归是指通过统计分析一组随机变量 $x_1, \cdots, x_n$ 与另一组随机变量 $y_1, \cdots, y_n$ 之间的关系，得到一个可靠的模型，使得对于给定的 $x = \{x_1, \cdots, x_n\}$，可以利用这个模型对 $y = \{y_1, \cdots, y_n\}$ 进行预测。其中，随机变量 $x_1, \cdots, x_n$ 被称为自变量，随机变量 $y_1, \cdots, y_n$ 被称为因变量。例如，在预测房价时，研究员会选取可能对房价有影响的因素，包括房屋面积、房屋楼层、房屋地点等，作为自变量加入预测模型。研究的任务是建立一个有效的模型，能够准确表示出上述因素与房价之间的关系。

本章在讨论回归问题的时候，总是假设因变量只有一个。这是因为假设各因变量之间是相互独立的，因而多个因变量的问题可以分解成多个回归问题加以解决。在实际求解中，我们只需要使用比本章推导公式中的参数张量更高一阶的参数张量即可以很容易推广到多因变量的情况。

在回归中我们有一些数据样本 $\{\langle x^{(n)}, y^{(n)} \rangle\}_{n=1}^{N}$，通过对这些样本进行统计分析，可以获得一个预测模型 $f(\cdot)$，使得对于测试数据 $x = \{x_1, \cdots, x_n\}$，可以得到一个较好的预测值：

$$y = f(x)$$

在形式上回归问题与分类问题十分相似，但在分类问题中预测值 y 是一个离散变量，它代表着通过特征 x 所预测的类别；而在回归问题中，y 是一个连续变量。

在本章中，我们先介绍线性回归模型，然后推广到广义线性模型，并以 Logistic 回归为例分析广义线性回归模型。

5.1 线性回归

线性回归模型是指 $f(\cdot)$ 采用线性组合形式的回归模型。在线性回归问题中，因变量和自变量之间是线性关系的。对于第 i 个因变量 x_i，我们乘以权重系数 w_i，取 y 为因变量的线性组合：

$$y = f(\boldsymbol{x}) = w_1 x_1 + \cdots + w_n x_n + b$$

其中，b 为常数项。若令 $\boldsymbol{w} = (w_1, \cdots, w_n)$，上面公式可以改写成向量形式：

$$y = f(\boldsymbol{x}) = \boldsymbol{w}^{\mathrm{T}} \boldsymbol{x} + b$$

公式中 $\boldsymbol{w}$ 和 b 决定了回归模型 $f(\cdot)$ 的行为。由数据样本得到 $\boldsymbol{w}$ 和 b 有许多方法，如最小二乘法、梯度下降法。在这里我们介绍最小二乘法求解线性回归中参数估计的问题。

直觉上，我们希望找到这样的 $\boldsymbol{w}$ 和 b，使其对于训练数据中每一个样本点 $\langle x^{(n)}, y^{(n)} \rangle$，预测值 $f(x^{(n)})$ 与真实值 $y^{(n)}$ 尽可能接近。于是我们需要定义一种"接近"程度的度量，即误差函数。在这里我们采用平均平方误差（Mean Square Error）函数作为误差函数：

$$E = \sum_n \left[y^{(n)} - (\boldsymbol{w}^T x^{(n)} + b) \right]^2$$

为什么要选择这样一个误差函数呢？这是因为我们做出了这样的假设：给定 x，则 y 的分布服从如下高斯分布，如图 5.1 所示。

$$p(y \,|\, x) \sim N(w^T x + b, \sigma^2)$$

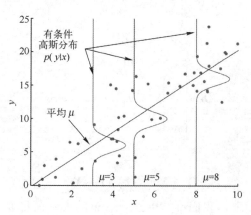

图 5.1　条件概率服从高斯分布

从图 5.1 可看出，自变量 x 取某个确定值时，数据样本点以回归模型预测的因变量 y 为中心、以 σ^2 为方差呈高斯分布。

基于高斯分布的假设，我们得到条件概率 $p(y \,|\, x)$ 的对数似然函数：

$$L(\boldsymbol{w}, b) = \log\left(\prod_n \exp\left(-\frac{1}{2\sigma^2} (y^{(n)} - \boldsymbol{w}^T x^{(n)} + b)^2 \right) \right)$$

即

$$L(w, b) = -\frac{1}{2\sigma^2} \sum_n (y^{(n)} - \boldsymbol{w}^T x^{(n)} + b)^2$$

做极大似然估计

$$w, b = \underset{w,b}{\arg\max}\, L(\boldsymbol{w}, b)$$

由于对数似然函数中 σ 为常数，极大似然估计可以转化为

$$w, b = \underset{w,b}{\arg\max} \sum_n (y^{(n)} - \boldsymbol{w}^T x^{(n)} + b)^2$$

这就是我们选择平均平方误差函数作为误差函数的概率解释。

我们的目标是要最小化误差函数 E，具体做法：令 E 对于参数 w 和 b 的偏导数为 0。由于我们的问题变成了最小化平均平方误差，因此习惯上将这种通过解析方法直接求解参数的做法称为最小二乘法。

为了方便矩阵运算，我们将 E 表示成向量形式。令

$$Y = \begin{bmatrix} y^{(1)} \\ y^{(2)} \\ \vdots \\ y^{(n)} \end{bmatrix}$$

$$X = \begin{bmatrix} x^{(1)} \\ x^{(2)} \\ \vdots \\ x^{(n)} \end{bmatrix} = \begin{bmatrix} x_1^{(1)} & \cdots & x_m^{(1)} \\ x_1^{(2)} & \cdots & x_m^{(2)} \\ \vdots & & \vdots \\ x_1^{(n)} & \cdots & x_m^{(n)} \end{bmatrix}$$

$$\boldsymbol{b} = \begin{bmatrix} b_1 \\ b_2 \\ \vdots \\ b_n \end{bmatrix}, \qquad b_1 = b_2 = \cdots = b_n$$

则 $\boldsymbol{E}$ 可表示为

$$\boldsymbol{E} = (\boldsymbol{Y} - \boldsymbol{X}\boldsymbol{w}^{\mathrm{T}} - \boldsymbol{b})^{\mathrm{T}} (\boldsymbol{Y} - \boldsymbol{X}\boldsymbol{w}^{\mathrm{T}} - \boldsymbol{b})$$

由于 $\boldsymbol{b}$ 的表示较为烦琐，我们不妨更改一下 w 的表示，将 $\boldsymbol{b}$ 视为常数 1 的权重，令

$$\boldsymbol{w} = (w_1, \cdots, w_n, b)$$

相应地，对 X 做如下更改：

$$X = \begin{bmatrix} x^{(1)};1 \\ x^{(2)};1 \\ \vdots \\ x^{(n)};1 \end{bmatrix} = \begin{bmatrix} x_1^{(1)} & \cdots & x_m^{(1)} \\ x_1^{(2)} & \cdots & x_m^{(2)} \\ \vdots & & \vdots \\ x_1^{(n)} & \cdots & x_m^{(n)} \end{bmatrix}$$

则 $\boldsymbol{E}$ 可表示为

$$\boldsymbol{E} = (\boldsymbol{Y} - \boldsymbol{X}\boldsymbol{w}^{\mathrm{T}})^{\mathrm{T}} (\boldsymbol{Y} - \boldsymbol{X}\boldsymbol{w}^{\mathrm{T}})$$

对误差函数 $\boldsymbol{E}$ 求参数 $\boldsymbol{w}$ 的偏导数可得到

$$\frac{\partial \boldsymbol{E}}{\partial \boldsymbol{w}} = 2\boldsymbol{X}^{\mathrm{T}} (\boldsymbol{X}\boldsymbol{w}^{\mathrm{T}} - \boldsymbol{Y})$$

令偏导为 0 可得到

$$\boldsymbol{w} = (\boldsymbol{X}^{\mathrm{T}}\boldsymbol{X})^{-1} \boldsymbol{X}^{\mathrm{T}}\boldsymbol{Y}$$

因此对于测试向量 $\boldsymbol{x}$，根据线性回归模型预测的结果为

$$y = \boldsymbol{x}[(\boldsymbol{X}^{\mathrm{T}}\boldsymbol{X})^{-1} \boldsymbol{X}^{\mathrm{T}}\boldsymbol{Y}]^{\mathrm{T}}$$

5.2 Logistic 回归

在 5.1 节中，我们假设随机变量 $x_1, \cdots, x_n$ 与 y 之间的关系是线性的。但在实际中，我

们通常会遇到非线性关系。这时我们可使用一个非线性变换 $g(\cdot)$，使得线性回归模型 $f(\cdot)$ 实际上对 $g(y)$ 拟合，而非对 y 进行拟合，即

$$y = g^{-1}(f(x))$$

其中 $f(\cdot)$ 仍为

$$f(x) = w^{\mathrm{T}}x + b$$

因此，这样的回归模型被称为广义线性回归模型。

广义线性回归模型使用非常广泛，如在二元分类任务中，我们的目标是拟合这样一个分离超平面 $f(x) = w^{\mathrm{T}}x + b$，使得目标分类 y 可表示为以下阶跃函数。

$$y = \begin{cases} 0, & f(x) < 0 \\ 1, & f(x) > 0 \end{cases}$$

但在分类问题中，由于 y 取离散值，这个阶跃判别函数是不可导的。不可导的性质使得许多数学方法不适用。因此我们考虑使用函数 $\sigma(\cdot)$ 来近似这个离散的阶跃函数，通常可以使用 Logistic 函数或 tanh 函数。

以 Logistic 函数（见图 5.2）的情况进行讨论。令

$$\sigma(x) = \frac{1}{1 + \exp(-x)}$$

使用 Logistic 函数替代阶跃函数：

$$\sigma(f(x)) = \frac{1}{1 + \exp(-w^{\mathrm{T}}x - b)}$$

定义条件概率：

$$p(y = 1 \mid x) = \sigma(f(x))$$

$$p(y = 0 \mid x) = 1 - \sigma(f(x))$$

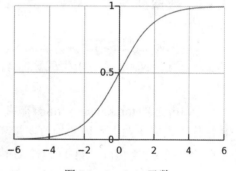

图 5.2　Logistic 函数

这样就可以把离散取值的分类问题近似地表示为连续取值的回归问题（这样的回归模型称为 Logistic 回归模型）。

在 Logistic 函数中 $g^{-1}(x) = \sigma(x)$，若将 $g(\cdot)$ 还原为 $g(y) = \log\dfrac{y}{1-y}$ 的形式并移到等式一侧，我们得到

$$\log \frac{p(y = 1 \mid x)}{p(y = 0 \mid x)} = w^{\mathrm{T}}x + b$$

为了求得 Logistic 回归模型中的参数 w 和 b，下面我们对条件概率 $p(y \mid x; w, b)$ 做极大似然估计。

$p(y \mid x; w, b)$ 的对数似然函数为

$$L(w, b) = \log\left(\prod_n [\sigma(f(x^{(n)}))]^{y^{(n)}} [1 - \sigma(f(x^{(n)}))]^{1 - y^{(n)}} \right)$$

即

$$L(w,b) = \sum_{n} \left[y^{(n)} \log\left(\sigma(f(x^{(n)}))\right) + (1 - y^{(n)}) \log(1 - \sigma(f(x^{(n)}))) \right]$$

这就是常用的交叉熵误差函数的二元形式。

似然函数 $L(w,b)$ 的最大化问题直接求解比较困难，我们可以采用数值方法。常用的方法有牛顿迭代法、梯度下降法等。

5.3　用 PyTorch 实现 Logistic 回归

本节代码依赖于以下四个模块。

```
import torch
from torch import nn
from matplotlib import pyplot as plt
%matplotlib inline
```

5.3.1　数据准备

Logistic 回归常用于解决二分类问题，为了便于描述，我们分别从两个多元高斯分布 $N_1(\mu_1, \Sigma_1)$、$N_2(\mu_2, \Sigma_2)$ 中生成数据 X_1 和 X_2，它们分别表示两个类别，分别设置标签为 y_1 和 y_2。

PyTorch 的 torch.distributions 提供了 MultivariateNormal 构建多元高斯分布。下面第 5～8 行代码设置了两组不同的均值向量和协方差矩阵，μ_1 和 μ_2 是二维均值向量，Σ_1 和 Σ_2 是 2×2 维的协方差矩阵。第 11～12 行代码前面定义的均值向量和协方差矩阵作为参数传入 MultivariateNormal，实例化两个二元高斯分布 m1 和 m2。第 13～14 行代码调用 m1 和 m2 的 sample 方法分别生成 100 个样本。

第 17～18 行代码设置样本对应的标签 y，分别用 0 和 1 表示不同高斯分布的数据，即正样本和负样本。第 21 行代码使用 cat 函数将 x1 和 x2 组合在一起，第 22～24 行代码打乱样本和标签顺序，将数据重新随机排列是十分重要的步骤，否则算法的每次迭代只会学习到同一个类别的信息，容易造成模型过拟合。

```
1 import numpy as np
2 from torch.distributions import MultivariateNormal
3
4 # 设置两个高斯分布的均值向量和协方差矩阵
5 mu1 = -3 * torch.ones(2)
6 mu2 = 3 * torch.ones(2)
7 sigma1 = torch.eye(2) * 0.5
8 sigma2 = torch.eye(2) * 2
9
```

```
10  # 各从两个多元高斯分布中生成100 个样本
11  m1 = MultivariateNormal(mu1, sigma1)
12  m2 = MultivariateNormal(mu2, sigma2)
13  x1 = m1.sample((100,))
14  x2 = m2.sample((100,))
15
16  # 设置正负样本的标签
17  y = torch.zeros((200, 1))
18  y[100:] = 1
19
20  # 组合、打乱样本
21  x = torch.cat([x1, x2], dim=0)
22  idx = np.random.permutation(len(x))
23  x = x[idx]
24  y = y[idx]
25
26# 绘制样本
27  plt.scatter(x1.numpy()[:,0], x1.numpy()[:,1])
28  plt.scatter(x2.numpy()[:,0], x2.numpy()[:,1])
```

上述示例中，第 27～28 行代码将生成的样本用 plt.scatter 绘制出来，绘制的结果如图 5.3 所示，可以很明显地看出多元高斯分布生成的样本聚成了两个簇，且簇的中心分处于不同的位置（多元高斯分布的均值向量决定了其位置），右上角簇的样本分布相对稀疏，左下角簇的样本分布相对紧凑（多元高斯分布的协方差矩阵决定了分布形状）。读者可自行调整代码的第 5～6 行的参数，观察其变化。

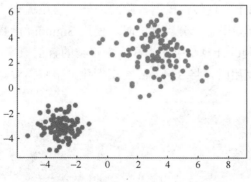

图 5.3　多元高斯分布生成的数据

5.3.2　线性方程

Logistic 回归用输入变量 X 的线性函数表示样本为正类的对数概率。由于 torch.nn 中的 Linear 实现了 $y=xA^T+b$，因此我们可以直接调用它来实现 Logistic 回归的线性部分。

```
1 D_in, D_out = 2, 1
2 linear = nn.Linear(D_in, D_out, bias=True)
3 output = linear(x)
4
5 print(x.shape, linear.weight.shape, linear.bias.shape, output.shape)
6
7 def my_linear(x, w, b):
8     return torch.mm(x, w.t()) + b
9
10 torch.sum((output - my_linear(x, linear.weight, linear.bias)))
>>> torch.Size([200, 2]) torch.Size([1, 2]) torch.Size([1]) torch.Size([200, 1])
```

上面代码的第 1 行定义了线性模型的输入维度 D_in 和输出维度 D_out，因为前面定义的二维高斯分布 m1 和 m2 产生的变量是二维的，所以线性模型的输入维度应该定义为 D_in=2，而 Logistic 回归是二分类模型，预测的是变量为正类的概率，所以输出的维度应该为 D_in=1。第 2～3 行代码实例化了 nn.Linear，将线性模型应用到数据 x 上，得到计算结果 output。

Linear 的初始参数是随机设置的，可以调用 Linear.weight 和 Linear.bias 获取线性模型的参数，第 5 行代码打印了输入变量 x、模型参数 weight 和 bias 以及计算结果 output 的维度。第 7～8 行代码定义了我们自己实现的线性模型 my_linear，第 10 行代码将 my_linear 的计算结果和 PyTorch 的计算结果与 output 做比较，判断其结果是否一致。

5.3.3　激活函数

torch.nn.Linear 可用于实现线性模型，除此之外，它还提供了机器学习当中常用的激活函数。其中 Logistic 回归用于二分类问题时，使用 Sigmoid 函数将线性模型的计算结果映射到 0 和 1 之间，得到的计算结果作为样本为正类的置信概率。torch.nn.Sigmoid()提供了这一函数的计算，在使用时，将 Sigmoid 类实例化，再将需要计算的变量作为参数传递给实例化对象。

```
1 sigmoid = nn.Sigmoid()
2 scores = sigmoid(output)
3
4 def my_sigmoid(x):
5     x = 1 / (1 + torch.exp(-x))
6     return x
7
8 torch.sum(sigmoid(output) - sigmoid_(output))
>>> tensor(1.1190e-08, grad_fn=<SumBackward0>)
```

作为练习，第 4～6 行代码手动实现了 sigmoid 函数，第 8 行代码通过 PyTorch 验证了我们的实现结果：结果一致。

5.3.4 损失函数

Logistic 回归使用交叉熵作为损失函数。PyTorch 的 torch.nn 提供了许多标准的损失函数，我们可以直接使用 torch.nn.BCELoss 计算二值交叉熵损失。下面代码块的第 1～2 行调用了 BCELoss 来计算 Logistic 回归模型的输出结果 sigmoid(output)和数据的标签 y。第4～6 行代码自定义了二值交叉熵函数，第 8 行代码将 my_loss 和 PyTorch 的 BCELoss 做比较，发现结果无差。

```
1 loss = nn.BCELoss()
2 loss(sigmoid(output), y)
3
4 def my_loss(x, y):
5   loss = - torch.mean(torch.log(x) * y + torch.log(1 - x) * (1 - y))
6   return loss
7
8 loss(sigmoid(output), y) - my_loss(sigmoid_(output), y)
>>> tensor(5.9605e-08, grad_fn=<SubBackward0>)
```

在前面的代码中，我们使用了 torch.nn 包中的线性模型 nn.Linear、激活函数 nn.Softmax()和损失函数 nn.BCELoss，它们都继承于 nn.Module 类，在 PyTorch 中通过继承 nn.Module 类构建自己的模型。接下来我们用 nn.Module 类来实现 Logistic 回归。

```
1 import torch.nn as nn
2
3 class LogisticRegression(nn.Module):
4   def __init__(self, D_in):
5     super(LogisticRegression, self).__init__()
6     self.linear = nn.Linear(D_in, 1)
7     self.sigmoid = nn.Sigmoid()
8   def forward(self, x):
9     x = self.linear(x)
10    output = self.sigmoid(x)
11    return output
12
13 lr_model = LogisticRegression(2)
14 loss = nn.BCELoss()
15 loss(lr_model(x), y)
>>> tensor(0.8890, grad_fn=<BinaryCrossEntropyBackward>)
```

通过继承 nn.Module 类实现自己的模型时，forward()方法是必须被子类覆写的，同时在 forward 内部应当定义每次调用模型时执行的计算。从前面的应用我们可以看出，nn.Module 类的主要作用就是接收 Tensor，然后计算并返回结果。

另外，在一个 Module 中，还可以嵌套其他的 Module，被嵌套的 Module 的属性可以被自动获取，比如可以调用 nn.Module.parameters()方法获取 Module 所有保留的参数，调用 nn.Module.to()方法将模型的参数放置到 GPU 上等。

```
1 class MyModel(nn.Module):
2   def __init__(self):
3     super(MyModel, self).__init__()
4     self.linear1 = nn.Linear(1, 1, bias=False)
5     self.linear2 = nn.Linear(1, 1, bias=False)
6   def forward(self):
7     pass
8
9 for param in MyModel().parameters():
10    print(param)
>>> Parameter containing:
  tensor([[0.3908]], requires_grad=True)
  Parameter containing:
  tensor([[-0.8967]], requires_grad=True)
```

5.3.5 优化算法

Logistic 回归通常采用梯度下降法优化目标函数。PyTorch 的 torch.optim 包实现了大多数常用的优化算法，使用起来非常简单。首先构建一个优化器，在构建时，需要先将待学习的参数传入，然后传入优化器需要的参数，如学习率。

```
1 from torch import optim
2
3 optimizer = optim.SGD(lr_model.parameters(), lr=0.03)
```

构建完优化器，就可以对模型进行迭代的训练，分两个步骤：一是调用损失函数的 backward()方法计算模型的梯度；二是调用优化器的 step()方法，更新模型的参数。

需要注意的是，应当首先调用优化器的 zero_grad()方法清空参数的梯度。

```
1 batch_size = 10
2 iters = 10
3 #for input, target in dataset:
4 for _ in range(iters):
5   for i in range(int(len(x)/batch_size)):
6     input = x[i*batch_size:(i+1)*batch_size]
7     target = y[i*batch_size:(i+1)*batch_size]
```

```
8          optimizer.zero_grad()
9          output = lr_model(input)
10          l = loss(output, target)
11          l.backward()
12          optimizer.step()
>>> 模型准确率为：1.0
```

5.3.6 模型可视化

Logistic 回归模型的判决边界在高维空间是一个超平面，而我们的数据集是二维的，所以判决边界只是平面内的一条直线，在线的一侧被预测为正类，另一侧则被预测为负类。下面我们实现了 draw_decision_boundary 函数，它接收线性模型的参数 w 和 b 以及数据集 x。绘制判决边界的方法十分简单，如第 10 行，只需计算一些数据在线性模型的映射值，即 $x_1 = (-b - w_0 x_0)/w_1$，然后调用 plt.plot 绘制线条即可。绘制的结果如图 5.4 所示。

```
1 pred_neg = (output <= 0.5).view(-1)
2 pred_pos = (output > 0.5).view(-1)
3 plt.scatter(x[pred_neg, 0], x[pred_neg, 1])
4 plt.scatter(x[pred_pos, 0], x[pred_pos, 1])
5
6 w = lr_model.linear.weight[0]
7 b = lr_model.linear.bias[0]
8
9 def draw_decision_boundary(w, b, x0):
10    x1 = (-b - w[0] * x0) / w[1]
11    plt.plot(x0.detach().numpy(), x1.detach().numpy(), 'r')
12
13 draw_decision_boundary(w, b, torch.linspace(x.min(), x.max(), 50))
```

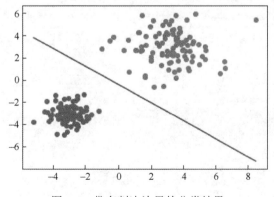

图 5.4 带有判决边界的分类结果

5.4 本章小结

Logistic 回归是深度学习中最基础的非线性模型之一。作为铺垫，在介绍 Logistic 回归以前，本章首先介绍了线性回归。线性回归的预测目标是连续变量，而 Logistic 回归的预测目标是二元变量。为了应对这一差异，Logistic 回归在线性回归的基础上加入了 Sigmoid 激活函数。本章最后使用 PyTorch 实现了 Logistic 回归模型，读者可以通过这个例子进一步体会深度学习模型构建的整体流程以及框架编程的简便性。

第6章 多层感知器

人工智能研究者为了模拟人类的认知（Cognition），构建了不同的模型。人工神经网络（Artificial Neural Network，ANN）是人工智能中非常重要的一个学派，其中的连接主义（Connectionism）模型应用最为广泛。

在传统上，基于规则的符号主义（Symbolism）学派认为，人类的认知基于信息中的模式，而这些模式可以被表示成为符号，并可以通过操作这些符号显式地使用逻辑规则进行计算与推理。但要用数理逻辑模拟人类的认知能力却是一件难事，因为人类大脑是一个非常复杂的系统，拥有着大规模并行式、分布式的表示与计算能力、学习能力、抽象能力以及适应能力。

而基于统计的连接主义模型则从脑神经科学中获得启发，试图将认知所需的功能属性结合到模型，通过模拟生物神经网络的信息处理方式来构建具有认知功能的模型。类似于生物神经元与神经网络，这类模型具有 3 个特点。

- 拥有处理信号的基础单元。
- 处理单元之间以并行方式连接。
- 处理单元之间的连接是有权重的。

这一类模型被称为人工神经网络，多层感知器是其中最为简单的一种。

6.1 基础概念

要想了解多层感知器，需要先了解以下几个概念。

1. 神经元

神经元（见图 6.1）是基本的信息操作和处理单位。它接受一组输入，并将这组输入加权求和，后由激活函数来计算该神经元的输出。

图 6.1 神经元

2. 输入

一个神经元可以接受一组张量作为输入 $x=\{x_1,x_2,\cdots,x_n\}^{\mathrm{T}}$

3．连接权值向量

连接权值向量为一组张量 $W=\{w_1,w_2,\cdots,w_n\}$，其中 w_i 对应输入 x_i 的连接权值；神经元将输入进行加权求和：

$$sum = \sum_i w_i x_i$$

写成向量形式：

$$sum = Wx$$

4．偏置

有时候加权求和时会加上一项常数项 b 作为偏置，同时张量 b 的形状与 Wx 的形状保持一致：

$$sum = Wx + b$$

5．激活函数

激活函数 $f(\cdot)$ 被施加到输入加权和 sum，产生神经元的输出；若 sum 为大于 1 阶的张量，则 $f(\cdot)$ 被施加到 sum 的每一个元素上

$$0 = f(sum)$$

常用的激活函数有：

● SoftMax 函数（见图 6.2）：适用于多元分类问题，作用是将分别代表 n 个类的 n 个标量归一化，得到这 n 个类的概率分布：

$$soft\max(x_i) = \frac{\exp(x_i)}{\sum_j \exp(x_j)}$$

● Sigmoid 函数（见图 6.3）：通常为 logistic 函数，适用于二元分类问题，是 SoftMax 函数的二元版本：

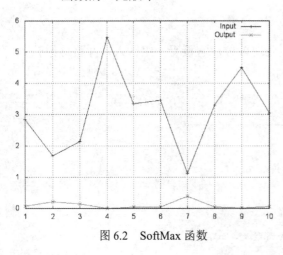

图 6.2　SoftMax 函数

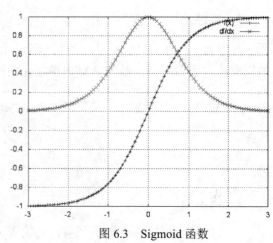

图 6.3　Sigmoid 函数

$$\sigma(x) = \frac{1}{1+\exp(-x)}$$

- Tanh 函数（见图 6.4）：其为 logistic 函数的变体：

$$\tanh(x) = \frac{2\sigma(x)-1}{2\sigma^2(x)-2\sigma(x)+1}$$

- ReLU 函数（见图 6.5）：即修正线性单元（Rectified Linear Unit）具备引导适度稀疏的能力，因为随机初始化的网络只有一半处于激活状态；并且不会像 sigmoid 函数那样出现梯度消失（Vanishing Gradient）的问题。

$$\text{ReLU}(x) = \max(0, x)$$

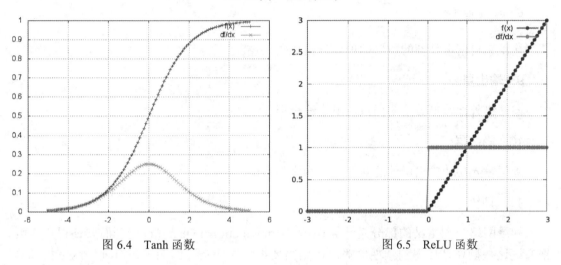

图 6.4 Tanh 函数　　　　　图 6.5 ReLU 函数

6. 输出

激活函数的输出 o 即为神经元的输出。一个神经元可以有多个输出 $o_1, o_2, \cdots, o_m$，对应于不同的激活函数 $f_1, f_2, \cdots, f_m$。

7. 神经网络

神经网络是一个有向图，以神经元为顶点。神经元的输入为顶点的入边，神经元的输出为顶点的出边。因此，神经网络是一张计算图（Computational Graph），直观地展示了一系列对数据进行计算操作的过程。

神经网络是一个端到端（End-to-End）的系统，这个系统接受一定形式的数据作为输入，经过系统内的一系列计算操作后，给出一定形式的数据作为输出；由于神经网络内部进行的各种操作与中间计算结果的意义通常难以进行直观解释，因此系统内的运算可以被视为一个黑箱子，这与人类的认知在一定程度上具有相似性——人类总是可以接受外界的信息（视、听），并向外界输出信息（言、行），而医学界对信息输入到大脑之后是如何进行处理的则知之甚少。

通常地，为了直观起见，人们对神经网络中的各顶点进行了层次划分，如图 6.6 所示。

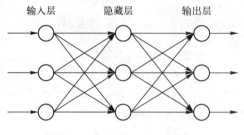

图 6.6　神经网络各顶点层

8. 输入层

接受来自网络外部的数据的顶点，组成输入层。

9. 输出层

向网络外部输出数据的顶点，组成输出层。

10. 隐藏层

除了输入层和输出层外的其他层，均为隐藏层。

11. 训练

神经网络被预定义的部分是计算操作（Computational Operations）。而要使得输入数据通过这些操作之后得到预期的输出，则需要根据一些实际的例子，对神经网络内部的参数进行调整与修正；这个调整与修正内部参数的过程称为训练，其中使用的实例称为**训练样例**。

12. 监督训练

在监督训练中，训练样本包含神经网络的输入与预期输出；在监督训练中，对于一个训练样本 $\langle X, Y\rangle$，将 X 输入神经网络，得到输出 Y'；我们通过一定的标准计算 Y' 与 Y 之间的**训练误差**（training error），并将这种误差反馈给神经网络，以便神经网络调整连接权重及偏置。

13. 非监督训练

在非监督训练中，训练样本仅包含神经网络的输入。

6.2　感知器

感知器的概念由 Rosenblatt Frank 在 1957 年提出，是一种监督训练的二元分类器。

6.2.1 单层感知器

单层感知器考虑一个只包含一个神经元的神经网络。这个神经元有两个输入 x_1, x_2，权值为 w_1, w_2。其激活函数为符号函数：

$$f(x) = \text{sgn}(x) = \begin{cases} -1, & x < 0 \\ 1, & x \geqslant 0 \end{cases}$$

根据**感知器训练算法**，在训练过程中，若实际输出的激活状态 o 与预期输出的激活状态 y 不一致，则权值按以下方式更新：

$$w' \leftarrow w + \alpha \cdot (y - o) \cdot x$$

其中，w' 为更新后的权值；w 为原权值；y 为预期输出；x 为输入；α 称为**学习率**，学习率可以为固定值，也可以在训练中适应地调整。

例如，我们设定学习率 $\alpha = 0.01$，把权值初始化为 $w_1 = -0.2, w_2 = 0.3$，若训练样例 $x_1 = 5, x_2 = 2$；$y = 1$，则实际输出与期望输出不一致

$$o = \text{sgn}(-0.2 \times 5 + 0.3 \times 2) = -1$$

因此对权值进行调整

$$w_1 = -0.2 + 0.01 \times 2 \times 5 = -0.1$$
$$w_2 = 0.3 + 0.01 \times 2 \times 2 = 0.34$$

直观上来说，权值更新向着损失减小的方向进行，即网络的实际输出 o 越来越接近预期的输出 y，在本例中我们看到，经过以上权值更新，该样例输入的实际输出 $o = \text{sgn}(-0.1 \times 5 + 0.34 \times 2) = 1$，与正确的输出一致。

我们只需要对所有的训练样例重复以上的步骤，直到所有样本都得到正确的输出即可。

6.2.2 多层感知器

单层感知器可以拟合一个超平面 $y = ax_1 + bx_2$，适合于解决线性可分的问题，而对于线性不可分的问题则无能为力。考虑异或函数作为激活函数的情况：

$$f(x_1, x_2) = \begin{cases} 0, & x_1 = x_2 \\ 1, & x_1 \neq x_2 \end{cases}$$

异或函数需要两个超平面才能进行划分。由于单层感知器无法解决线性不可分的问题，因此引入了多层感知器（见图 6.7），实现了异或运算。

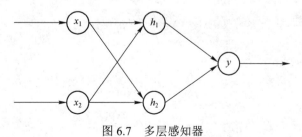

图 6.7 多层感知器

图 6.7 中的隐藏层神经元 h_1 和 h_2 相当于两个感知器，分别构造两个超平面中的一个。

6.3 BP 神经网络

在多层感知器被引入的同时，也引入了一个新的问题：由于隐藏层的预期输出并没有在训练样例中给出，导致隐藏层结点的误差无法像单层感知器那样直接计算得到。为了解决这个问题，**后向传播**（Back Propagation，BP）算法被引入，其核心思想是将误差由输出层向前层后向传播，利用后一层的误差来估算前一层的误差。它由 Henry J. Kelley 在 1960 年和 Arthur E. Bryson 在 1961 年分别提出。人们将使用后向传播算法训练的网络称为 BP 神经网络。

6.3.1 梯度下降

为了使得误差可以后向传播，人们采用了梯度下降（Gradient Descent）的算法，其思想是在权值空间中朝着误差最速下降的方向搜索，找到局部的最小值（见图 6.8）：

$$w' \leftarrow w + \Delta w$$

$$\Delta w = -\alpha \nabla Loss(w) = -\alpha \frac{\partial Loss}{\partial w}$$

其中，w 为权值；α 为学习率；$Loss(\cdot)$ 为**损失函数**（Loss Function）。损失函数的作用是计算实际输出与期望输出之间的误差。

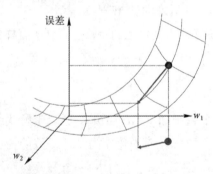

图 6.8 梯度下降算法（图片来源 http://pages.cs.wisc.edu/~dpage/cs760/ANNs.pdf）

常用的损失函数有如下两种。

- 平均平方误差（Mean Squared Error，MSE），实际输出为 o_i，预期输出为 y_i：

$$Loss(o, y) = \frac{1}{n} \sum_{i=1}^{n} |o_i - y_i|^2$$

- 交叉熵（Cross Entropy，CE）：

$$Loss(x_i) = -\left(\frac{\exp(x_i)}{\sum_j \exp(x_j)} \right)$$

由于求偏导需要激活函数是连续的，而符号函数不满足连续要求，因此通常使用连续可微的函数，如 sigmoid 作为激活函数。同时它具有良好的求导性质：

$$\sigma' = \sigma(1-\sigma)$$

使得计算偏导时较为方便，因此被广泛应用。

6.3.2 后向传播

使误差后向传播的关键在于利用求偏导的链式法则。正如大家所知，神经网络是直观展示的一系列计算操作，每个节点可以用一个函数 $f_i(\cdot)$ 来表示。

如图 6.9 所示的神经网络可表达为一个以 $w_1,\cdots,w_6$ 为参量、$i_1,\cdots,i_4$ 为变量的函数：

$$o = f_3\{w_6 \cdot f_2[w_5 \cdot f_1(w_1 \cdot i_1 + w_2 \cdot i_2) + w_3 \cdot i_3] + w_4 \cdot i_4\}$$

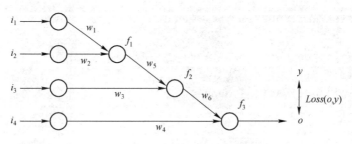

图 6.9　链式法则与后向传播

在梯度下降中，为了求得 Δw_k，我们需要用链式规则去求 $\frac{\partial Loss}{\partial w_k}$：

$$\frac{\partial Loss}{\partial w_1} = \frac{\partial Loss}{\partial f_3} \cdot \frac{\partial f_3}{\partial f_2} \cdot \frac{\partial f_2}{\partial f_1} \cdot \frac{\partial f_1}{\partial w_1}$$

通过这种方式，误差得以后向传播并用于更新每一个连接权值，使得神经网络在整体上逼近损失函数的局部最小值，从而达到训练目的。

6.4　Dropout 正则化

Dropout 是一种正则化技术，通过防止特征的协同适应（Co-Adaptations），可用于减少神经网络中的过拟合。Dropout 的效果非常好，实现简单且不会降低网络速度，因此被广泛使用。

特征的协同适应是指在训练模型时，共同训练的神经元为了相互弥补错误而相互关联的现象（在神经网络中这种现象会变得尤其复杂）。协同适应会转而导致模型的过度拟合，因为协同适应的现象不会泛化未曾见过的数据。Dropout 从解决特征间的协同适应入手，有效地控制了神经网络的过拟合。

Dropout 在每次训练中会按照一定概率 p 随机地抑制一些神经元的更新，相应地按照概率 $1-p$ 保留一些神经元的更新。当神经元被抑制时，它的前向结果被置为 0，而不管相应的权重和输入数据的数值大小。被抑制的神经元在后向传播中也不会更新相应权重，即被抑制的神经元在前向和后向中都不起任何作用。通过随机地抑制一部分神经元，可以有效防止特征的相互适应。

Dropout 的实现方法非常简单，如下示例第 3 行代码生成了一个随机数矩阵 activations，表示神经网络中隐含层的激活值，第 4～5 行代码构建了一个参数 p=0.5 伯努利分布，并从中采样一个由伯努利变量组成的掩码矩阵 mask（伯努利变量是只有 0 和 1 两种取值可能性的离散变量）第 6 行代码将 mask 和 activations 逐元素相乘，mask 中数值为 0 的变量会将相应的激活值置为 0，从而这一激活值无论它本来的数值多大都不会参与到当前网络中更深层的计算中，而 mask 中数值为 1 的变量则会保留相应的激活值。

```
1 from torch.distributions import Bernoulli
2
3 activations = torch.rand((5, 5))
4 m = Bernoulli(0.5)
5 mask = m.sample(activations.shape)
6 activations *= mask
7 print(activations)
>>> tensor([[0.0000, 0.5935, 0.0975, 0.0000, 0.5066],
            [0.0000, 0.6437, 0.1462, 0.9188, 0.0000],
            [0.8829, 0.6852, 0.0000, 0.0000, 0.5704],
            [0.0000, 0.6003, 0.0000, 0.4777, 0.0000],
            [0.0000, 0.9796, 0.0000, 0.1457, 0.0000]])
```

因为 Dropout 对神经元的抑制是按照 p 的概率随机发生的，所以使用 Dropout 的神经网络在每次训练中学习的几乎都是一个新的网络，另外的一种解释是 Dropout 在训练一个共享部分参数的集成模型。为了模拟集成模型的方法，使用了 Dropout 的网络需要使用到所有的神经元，所以在测试时，Dropout 将激活值乘以一个尺度缩放系数 $1-p$ 以恢复训练时按概率 p 随机丢弃神经元所造成的尺度变换，其中 p 是在训练时抑制神经元的概率。在实践中（也是 PyTorch 的实现方式），通常采用 Inverted Dropout 的方式。在训练时需在激活值乘上尺度缩放系数 $\frac{1}{1-p}$，而在测试时则什么都不需要做。

Dropout 会在训练和测试时做出不同的行为，PyTorch 的 torch.nn.Module 提供了 train 方法和 eval 方法，通过调用这两个方法就可以将网络设置为训练模式或测试模式，这两个方法只对 Dropout 这种训练和测试不一致的网络层起作用，同时不影响其他网络层，6.5 节介绍的批标准化也是训练和测试步骤不同的网络层。

下面通过示例说明 Dropout 在训练模式和测试模式下的区别，其中第 5～8 行代码执行了统计 Dropout 影响到的神经元数量，由于 PyTorch 的 Dropout 采用了 Inverted Dropout，所以在第 8 行代码对 activations 乘以了 $1/(1-p)$，以对应 Dropout 的尺度变换。结果发现它大约影响了 50% 的神经元，这一数值和我们设置的 $p=0.5$ 基本一致，可简单理解为，p 的数值越高，训练中的模型就越精简。第 14～17 行代码统计了 Dropout 在测试时影响到的神经元数量，结果发现它并没有影响到任何神经元，即 Dropout 在测试时并不改变网络的结构。

```
1 p, count, iters, shape = 0.5, 0., 50, (5,5)
2 dropout = nn.Dropout(p)
3 dropout.train()
4
5 for _ in range(iters):
6   activations = torch.rand(shape) + 1e-5
7   output = dropout(activations)
8   count += torch.sum(output == activations * (1/(1-p)))
9
10 print("train 模式 Dropout 影响了{}的神经元".format(1 - float(count)/(activations.
nelement()*iters)))
11
12 count = 0
13 dropout.eval()
14 for _ in range(iters):
15   activations = torch.rand(shape) + 1e-5
16   output = dropout(activations)
17   count += torch.sum(output == activations)
18 print("eval 模式 Dropout 影响了{}的神经元".format(1-float(count)/(activations.
nelement()*iters)))
>>> train 模式 Dropout 影响了 0.49119999999999997 的神经元
>>> eval 模式 Dropout 影响了 0.0 的神经元
```

6.5　批标准化

在训练神经网络时，往往需要标准化（Normalization）输入数据，使得网络的训练更加快速有效，然而 SGD 等学习算法会在训练中不断改变网络的参数，隐含层的激活值分布会因此发生变化，这一变化被称为内协变量偏移（Internal Covariate Shift，ICS）。

为了减轻 ICS 问题，批标准化（Batch Normalization）固定了激活函数的输入变量的均值和方差，使网络训练更快。除了加速训练这一优势，Batch Normalization 还具备其他功能：应用 Batch Normalization 的神经网络在反向传播中有着非常好的梯度流，这样，神经网络对权重的初值和尺度依赖性减少，能够使用更高的学习率，同时降低了不收敛的风险。不仅如此，Batch Normalization 还具有正则化的作用，也就意味 Dropout 不再被需要了。另外，Batch Normalization 让深度神经网络使用饱和非线性函数成为可能。

6.5.1　批标准化的实现方式

Batch Normalization 在训练时，用当前训练批次的数据单独估计每一激活值 $x^{(k)}$ 的均值和方差，为了方便，我们接下来只关注某一个激活值 $x^{(k)}$，并将 k 省略，现定义当前批次为具有 m 个激活值的 $\beta : \beta = x_{1-m}$

首先，计算当前批次激活值的均值和方差：

$$\mu_\beta = \frac{1}{m} \sum_{i=1}^{m} x_i$$

$$\delta_\beta^2 = \frac{1}{m} \sum_{i=1}^{m} (x_i - \mu_\beta)^2$$

然后，用计算好的均值 μ_β 和方差 δ_β^2 标准化这一批次的激活值 x_i，得到 $\hat{x}_i$，为了避免除 0，$\in$ 被设置为一个非常小的数字（在 PyTorch 中，默认设为 1e-5）。

$$\hat{x}_i = \frac{x_i - \mu_\beta}{\delta_\beta^2 + \varepsilon}$$

这样，我们就固定了当前批次 β 的分布，使其服从均值为 0、方差为 1 的高斯分布。但是标准化有可能会降低模型的表达能力，因为网络中的某些隐含层很有可能需要输入数据是非标准化分布的。所以，Batch Normalization 对标准化的变量 x_i 加了一步仿射变换 $y_i = \gamma \hat{x}_i + \beta$，添加的两个参数 γ 和 β 用于恢复网络的表示能力，它和网络原本的权重一起训练。在 PyTorch 中，β 初始化为 0，而 γ 则从均匀分布 $\{U\}(0,1)$ 中随机采样。当 $\gamma = \sqrt{Var[x]}$ 且 $\beta = E[x]$ 时，标准化的激活值会完全恢复成原始值，这完全由训练中的网络自己决定。训练完毕后，γ 和 β 作为中间状态保存下来。在 PyTorch 的实现中，Batch Normalization 在训练时还会计算移动平均化的均值和方差：

running_mean=(1-momentum)*running_mean+momentum*μ_β

running_var=(1-momentum)*running_var+momentum*δ_β^2

momentum 默认为 0.1，running_mean 和 running_var 在训练完毕后保留，用于模型验证。

Batch Normalization 在训练完毕后，保留了两个参数 β 和 γ，以及两个变量 running_mean 和 running_var。在模型做验证时，做如下变换。

$$y = \frac{\gamma}{\sqrt{running\_var + \varepsilon}} \cdot x + \left(\beta - \frac{\gamma}{\sqrt{running\_var + \varepsilon}} \cdot running\_mean \right)$$

6.5.2　批标准化的使用方法

在 PyTorch 中，torch.nn.BatchNorm1d 提供了 Batch Normalization 的实现方法，同样地，它也被当作神经网络中的层使用。它有两个十分关键的参数：一是 num_features 确定特征的数量；二是 affine 决定 Batch Normalization 是否使用仿射映射。

下面代码的第 4 行实例化了一个 BatchNorm1d 对象，它接收特征数量 num_features=5 的数据，所以模型的两个中间变量 running_mean 和 running_var 就会被初始化为 5 维的向量，用于统计移动平均化的均值和方差。第 5～6 行代码打印了这两个变量的数据，可以很直观地看到它们的初始化方式。第 9～11 行代码从标准高斯分布采样了一些数据然后提供给 Batch Normalization 层。第 14～15 行代码打印了变化后的 running_mean 和 running_var，可以发现它们的数值发生了一些变化但是基本维持了标准高斯分布的均值和方差数值。第 17～24 行代码验证了如果我们将模型设置为 eval 模式，这两个变量不会发生任何变化的设想。

```
1 import torch
2 from torch import nn
3
4 m = nn.BatchNorm1d(num_features=5, affine=False)
5 print("BEFORE:")
6 print("running_mean:", m.running_mean)
7 print("running_var:" ,m.running_var)
8
9 for _ in range(100):
10    input = torch.randn(20, 5)
11    output = m(input)
12
13 print("AFTER:")
14 print("running_mean:", m.running_mean)
15 print("running_var:" ,m.running_var)
16
17 m.eval()
18 for _ in range(100):
19    input = torch.randn(20, 5)
20    output = m(input)
21
22 print("EVAL:")
23 print("running_mean:", m.running_mean)
24 print("running_var:" ,m.running_var)
>>> BEFORE:
   running_mean: tensor([0., 0., 0., 0., 0.])
   running_var: tensor([1., 1., 1., 1., 1.])
>>> AFTER:
   running_mean: tensor([-0.0226, 0.0298, 0.0348, 0.0381, -0.0318])
   running_var: tensor([1.0367, 1.0094, 1.1143, 0.9406, 1.0035])
>>> EVAL:
   running_mean: tensor([-0.0226, 0.0298, 0.0348, 0.0381, -0.0318])
   running_var: tensor([1.0367, 1.0094, 1.1143, 0.9406, 1.0035])
```

上面代码的第 4 行设置了 affine=False，即不对标准化后的数据采用仿射变换，关于仿射变换的两个参数 β 和 γ 在 BatchNorm1d 中称为 weight 和 bias。下面代码的第 4～5 行打印了这两个变量。因为我们关闭了仿射变换，所以这两个变量被设置为 None。同时，我们再实例化一个 BatchNorm1d 对象 m_affine，但是这次设置 affine=True，然后在第 9～10 行代码打印 m_affine.weight 和 m_affine.bias。可以看到，正如前面描述的那样，γ 从均匀分布 $U(0,1)$ 随机采样，而 β 被初始化为 0。另外，应当注意，m_affine.weight 和 m_affine.bias 的类型均为 Parameter，即它们和线性模型的权重是一种类型，参与模型的训练，而 running_mean 和 running_var 的类型为 Tensor，这样的变量在 PyTorch 中称为 buffer。buffer 不影响模型的训练，仅作为中间变量更新和保存。

```
 1 import torch
 2 from torch import nn
 3
 4 print("no affine, gamma:", m.weight)
 5 print("no affine, beta :", m.bias)
 6
 7 m_affine = nn.BatchNorm1d(num_features=5, affine=True)
 8 print('')
 9 print("with affine, gamma:", m_affine.weight, type(m_affine.weight))
10 print("with affine, beta:", m_affine.bias, type(m_affine.bias))
>>> no affine, gamma: None
>>> no affine, beta : None
>>>
>>> with affine, gamma: Parameter containing:
    tensor([0.5346, 0.3419, 0.2922, 0.0933, 0.6641], requires_grad=True) <class
'torch.nn.parameter.Parameter'>
>>> with affine, beta: Parameter containing:
    tensor([0., 0., 0., 0., 0.], requires_grad=True) <class 'torch.nn.parameter.
Parameter'>
```

6.6　本章小结

感知器模型可以算得上是深度学习的基石。最初的单层感知器模型就是为了模拟人脑神经元提出的，但是就连异或运算都无法模拟。经过多年的研究，人们终于提出了多层感知器模型，用于拟合任意函数。结合高效的 BP 算法，神经网络终于诞生。尽管目前看来，BP 神经网络已经无法胜任许多工作，但是从发展的角度来看，BP 神经网络仍是学习深度学习不可不知的重要部分。本章的最后两节介绍了常用的训练技巧，这些技巧可以有效地提升模型表现，避免过拟合。

第7章 卷积神经网络与计算机视觉

计算机视觉是一门研究如何使计算机识别图片的科学，也是深度学习的主要应用领域之一。在众多深度模型中，卷积神经网络独领风骚，已经成为计算机视觉的主要研究工具之一。本章首先介绍卷积神经网络的基本知识，然后讲解一些常见的卷积神经网络模型。

7.1 卷积神经网络的基本思想

卷积神经网络最初由 Yann LeCun 等人在 1989 年提出，是最初取得成功的深度神经网络之一。它的基本思想是如下。

1. 局部连接

传统的 BP 神经网络，如多层感知器，前一层的某个结点与后一层的所有结点都有连接，后一层的某一个结点与前一层的所有结点也有连接，这种连接方式被称为**全局连接**（见图 7.1）。如果前一层有 M 个结点，后一层有 N 个结点，就会有 $M \times N$ 个连接权值，每一轮后向传播更新权值时都会对权值进行重新计算，造成了 $O(M \times N) = O(n^2)$ 的计算与内存开销。

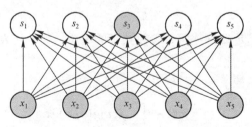

图 7.1 全局连接的神经网络

（图片来源：Goodfellow et al. *Deep Learning*, MIT Press.）

局部连接的思想就是使得两层之间只有相邻的结点才进行连接，即连接都是"局部"的（见图 7.2）。以图像处理为例，直觉上，图像的某一个局部的像素点组合在一起共同呈现出一些特征，而图像中距离比较远的像素点组合起来则没有实际意义，因此这种局部连接的方式可以在图像处理的问题上有较好的表现。如果把连接限制在空间中相邻的 c 个结点，就把连接权值降低到了 $c \times N$，计算与内存开销就降低到了 $O(c \times N) = O(n)$。

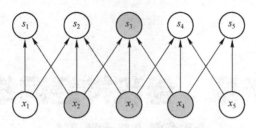

图 7.2　局部连接的神经网络

（图片来源：Goodfellow et al. *Deep Learning*, MIT Press.）

2．参数共享

在图像处理中，既然我们认为图像的特征具有局部性，那么对于每一个局部使用不同的特征抽取方式（即不同的连接权值）是否合理呢？由于不同的图像在结构上相差甚远，同一个局部位置的特征并不具有共性，对于某一个局部使用特定的连接权值不能让我们得到更好的结果。因此考虑让空间中不同位置的结点连接权值进行共享，如在图 7.2 中，属于结点 s_2 的连接权值

$$w = \{w_1, w_2, w_3 \mid w_1 : x_1 \to s_2; w_2, x_2 \to s_2; w_3 : x_3 \to w_1, w_2, w_3 \mid w_1 : x_1 \to s_2\}$$

可以被结点 s_3 以

$$w = \{w_1, w_2, w_3 \mid w_1 : x_2 \to s_3; w_2, x_3 \to s_3; w_3 : x_4 \to s_3\}$$

的方式共享（其他结点的权值共享类似）。

这样两层之间的连接权值就减少到了 c 个；虽然在前向传播和后向传播的过程中，计算开销仍为 $O(n)$，但内存开销被减少到常数级别 $O(c)$。

7.2　卷积操作

离散的卷积操作能满足局部连接、参数共享的性质。其中代表卷积操作的结点层被称为**卷积层**。

在泛函分析中，卷积被 $f * g$ 定义为

$$(f * g)(t) = \int_{-\infty}^{\infty} f(\tau) g(t - \tau) \mathrm{d}\tau$$

一维离散的卷积操作可被定义为

$$(f * g)(x) = \sum_i f(i) g(x - i)$$

假设 f 与 g 分别代表一个从向量下标到向量元素值的映射，令 f 表示输入向量，则 g 表示的向量称为**卷积核**（Kernel），它施加于输入向量上的操作类似于一个权值向量在输入向量上移动，每移动一步进行一次加权求和操作；每一步移动的距离被称为**步长**（Stride）。如我们取输入向量大小为 5，卷积核大小为 3，步长 1，则卷积操作过程如

图 7.3 和图 7.4 所示。

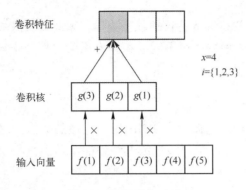

图 7.3　卷积操作（1）

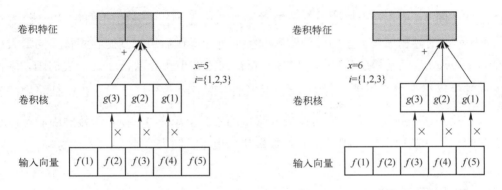

图 7.4　卷积操作（2）

　　卷积核从输入向量左边开始扫描，权值在第一个位置分别与对应输入值相乘求和，得到卷积特征值向量的第一个值，接下来，移动 1 个步长，到达第二个位置，进行相同操作，以此类推。这样就实现了从前一层的输入向量提取特征到后一层的操作，这种操作具有局部连接（每个结点只和与其相邻的 3 个结点有连接）以及参数共享（所用的卷积核为同一个向量）的特性。类似地，可以拓展到二维（见图 7.5）和更高维度的卷积操作。

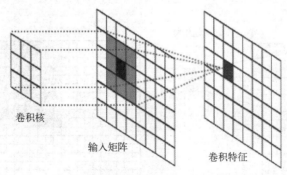

图 7.5　二维卷积操作

（图片来源：http://colah.github.io/posts/2014-07-Understanding-Convolutions/）

1. 多个卷积核

利用一个卷积核进行卷积抽取特征往往不充分，因此在实践中，通常使用多个卷积核来提升特征提取的效果，之后将所得不同卷积核卷积所得特征张量沿第一维拼接，形成更高一个维度的特征张量。

2. 多通道卷积

在处理彩色图像时，输入的图像有 RGB 三个通道的数值，这时分别使用不同的卷积核对每一个通道进行卷积，然后使用线性或非线性的激活函数将相同位置的卷积特征合并为一个。

3. 边界填充

注意到在图 7.4 中，卷积核的中心 $g(2)$ 并不是从边界 $f(1)$ 上开始扫描的。以一维卷积为例，大小为 m 的卷积核在大小为 n 的输入向量上进行操作后所得到的卷积特征向量大小会缩小为 $n-m+1$。当卷积层数增加的时候，特征向量大小就会以 $m-1$ 的速度坍缩，这使得更深的神经网络变得不可能，因为在叠加到第 $\left\lfloor \dfrac{n}{m-1} \right\rfloor$ 个卷积层之后卷积特征将坍缩为标量。为了解决这一问题，人们通常在输入张量的边界上填充 0，使卷积核的中心可以从边界上开始扫描，从而保持卷积操作输入张量和输出张量的大小不变。

7.3 池化层

池化（Pooling）的目的是降低特征空间的维度，只抽取局部最显著的特征，同时这些特征出现的具体位置也被忽略，如图 7.6 所示。这样做是符合直觉的：以图像处理为例，我们通常关注的是一个特征是否出现，而不太关心它们出现在哪里（这被称为图像的静态性）。通过池化降低空间维度的做法不但降低了计算开销，还使卷积神经网络对于噪声具有鲁棒性。

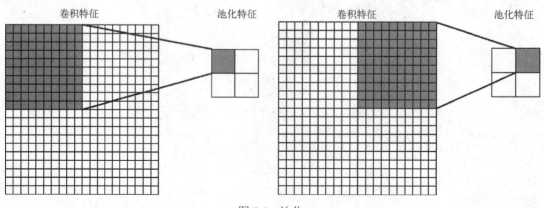

图 7.6　池化

常见的池化类型有最大池化、平均池化等。最大池化是指在池化区域中，取卷积特征值最大的作为所得池化特征值；平均池化是指在池化区域中取所有卷积特征值的平均作为池化特征值。如图 7.6 所示，在二维的卷积操作之后得到一个 20×20 的卷积特征矩阵，池化区域大小为 10×10，这样得到的就是一个 4×4 的池化特征矩阵。需要注意的是，与卷积核在重叠的区域进行卷积操作不同，池化区域是互不重叠的。

7.4 卷积神经网络

一般来说，**卷积神经网络**（Convolutional Neural Network, CNN）由一个卷积层、一个池化层和一个非线性激活函数层组成（见图 7.7）。

在图像分类中表现良好的深度神经网络往往由许多"卷积层+池化层"的组合堆叠而成，通常多达数十乃至上百层（见图 7.8）。

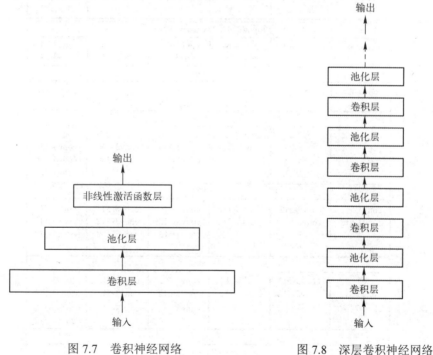

图 7.7　卷积神经网络　　　　图 7.8　深层卷积神经网络

7.5 经典网络结构

VGG、InceptionNet、ResNet 等 CNN 网络是从大规模图像数据集训练的用于图像分类的网络，ImageNet 从 2010 年起每年都举办图像分类竞赛，为了公平起见，它为每位参赛者提供来自于 1000 个类别的 120 万张图像。在如此巨大的数据集中训练出的深度学习模型特征具有非常良好的泛化能力。在迁移学习后，可以被用于除图像分类之外的其他任务，如目标检测、图像分割等。PyTorch 的 torchvision.models 为我们提供了大量的模型实现，以及模型的预训练权重文件，其中就包括本节介绍的 VGG、ResNet 和 InceptionNet。

7.5.1　VGG 网络

VGG 网络的特点是用 3×3 小卷积核代替先前网络（如 AlexNet）的大卷积核。例如，3 个步长为 1 的 3×3 的卷积核与一个 7×7 大小的卷积核的感受野是一致的，2 个步长为 1 的 3×3 的卷积核与一个 5×5 大小的卷积核的感受野是一致的。这样，感受野是相同的，但却加深了网络的深度，提升了网络的拟合能力。VGG 网络的网络结构如图 7.9 所示。

ConvNet Configuration					
A	A-LRN	B	C	D	E
11weight layers	11weight layers	13weight layers	16weight layers	16weight layers	19weight layers
input(224×224 RGB image)					
conv3-64	conv3-64 LRN	conv3-64 conv3-64	conv3-64 conv3-64	conv3-64 conv3-64	conv3-64 conv3-64
maxpool					
conv3-128	conv3-128	conv3-128 conv3-128	conv3-128 conv3-128	conv3-128 conv3-128	conv3-128 conv3-128
maxpool					
conv3-256 conv3-256	conv3-256 conv3-256	conv3-256 conv3-256	conv3-256 conv3-256 conv1-256	conv3-256 conv3-256 conv3-256	conv3-256 conv3-256 conv3-256 conv3-256
maxpool					
conv3-512 conv3-512	conv3-512 conv3-512	conv3-512 conv3-512	conv3-512 conv3-512 conv3-512	conv3-512 conv3-512 conv3-512	conv3-512 conv3-512 conv3-512 conv3-512
maxpool					
conv3-512 conv3-512	conv3-512 conv3-512	conv3-512 conv3-512	conv3-512 conv3-512 conv3-512	conv3-512 conv3-512 conv3-512	conv3-512 conv3-512 conv3-512 conv3-512
maxpool					
FC-4096					
FC-4096					
FC-1000					
soft-max					

图 7.9　VGG 网络结构

除此之外，VGG 的全 3×3 卷积核结构降低了参数量，比如一个 7×7 卷积核，其参数量为 $7×7×C_{in}×C_{out}$，而具有相同感受野的全 3×3 卷积核的参数量为 $3×3×3×C_{in}×C_{out}$。VGG 网络和 AlexNet 的整体结构一致，都是先用 5 层卷积层提取图像特征，再用 3 层全连接层作为分类器。不过 VGG 网络的"层"（在 VGG 中称为 Stage）是由几个 3×3 的卷积层叠加起来的，而 AlexNet 是 1 个大卷积层为一层。所以 AlexNet 只有 8 层，而 VGG 网络则可多达 19 层，VGG 网络在 ImageNet 大赛的 Top5 准确率达到了 92.3%。不过 VGG 网络的主要问题是最后 3 层的全连接层参数量过于庞大。

7.5.2 InceptionNet

InceptionNet（GoogLeNet）主要是由多个 Inception 模块实现的，Inception 模块的基本结构如图 7.10 所示，它是一个分支结构，一共有 4 个分支：第一个分支是 1×1 卷积核；第二个分支是先进行 1×1 卷积，再进行 3×3 卷积；第三个分支同样先进行 1×1 卷积，再进行一层 5×5 卷积；第 4 个分支先进行 3×3 的最大池化层，然后用 1×1 卷积。最后，4 个通道计算过的特征映射用沿通道维度拼接的方式组合到一起。

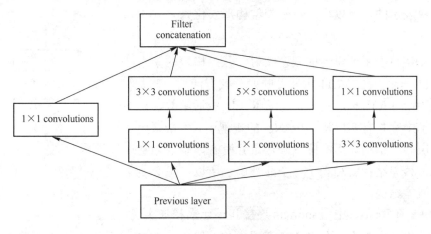

图 7.10　InceptionNet 网络结构

图 7.10 的中间层可以分为四列来看，其中第一列的 1×1 卷积核和中间两列的 3×3、5×5 卷积核主要用于提取特征，不同大小的卷积核拼接到一起，使这一结构具有多尺度的表达能力。右侧三列的 1×1 卷积核用于特征降维，可以减少计算量。第四列最大池化层的使用是因为试验表明池化层往往有较好的效果。这样设计的 Inception 模块具有相当大的宽度，计算量却更低。前面提到了 VGG 的主要问题是最后 3 层全连接层参数量过于庞大，所以在 InceptionNet 中弃用了这一结构，取而代之的是一层全局平均池化层和单层的全连接层。这样减少了参数量并且加快了模型的推断速度。

最后，Inception 网络达到了 22 层，为了让如此深度、如此大的网络能够稳定地训练，Inception 在网络中间添加了额外的两个分类损失函数，在训练中这些损失函数相加为一个最终的损失，在验证过程中这两个额外的损失函数不再被使用。同时，Inception 网络在 ImageNet 的 Top5 准确率为 93.3%，不仅准确率高于 VGG 网络，推断速度还更胜一筹。

7.5.3 ResNet

神经网络越深，对复杂特征的表示能力就越强。但是单纯地提升网络深度会导致反向传播算法在传递梯度时发生梯度消失现象，导致网络的训练无效。虽然通过一些权重初始化方法和 Batch Normalization 可以解决这一问题，但是，网络在达到一定深度之后，模型训练的准确率不会再提升，甚至会开始下降，它被称为训练准确率的退化（Degradation）问题。退化问题表明，深层模型的训练非常困难。幸运的是，ResNet 提出了残差学习的方法，用于解决深度学习模型的退化问题。

假设输入数据是 x，常规的神经网络是通过几个堆叠的层去学习一个映射 $H(x)$，而 ResNet 学习的是映射和输入的残差 $F(x) := H(x) - x$，相应地，原有的表示就变成 $H(x) = F(x) + x$。尽管两种表示是等价的，但试验表明，残差学习更容易训练。由于 ResNet 是由几个堆叠的残差模块表示的，所以可以将残差结构形式化为

$$y = F(x\{W_i\}) + x$$

其中，$F(x\{W_i\})$ 表示要学习的残差映射，残差模块的基本结构如图 7.11 所示。在图 7.11 中残差映射一共有两层，可表示为 $y = W_2 \delta(W_1 x + b_1) + b_2$，其中 δ 表示 ReLU 激活函数，在图 7.11 的例子中一共有两层，在 ResNet 的实现中，大量采用了两层或三层残差结构，而实际这个数量并没有限制，当它仅为一层时，残差结构就相当于一个线性层，所以，没必要采用单层的残差结构。

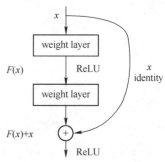

图 7.11　ResNet 网络结构

$F(x) + x$ 在 ResNet 中用 shortcut 连接和逐元素相加实现，相加后的结果会作为下一个 ReLU 激活函数的输入。shortcut 连接相当于对输入 x 做了一个恒等映射（Identity Map），在非常极端的情况下，残差 $F(x)$ 会等于 0，使整个残差模块仅做了一次恒等映射，它完全由网络自主决定，只要它自身认为这是更好的选择。如果 $F(x)$ 和 x 的维度并不相同，那么可以采用如下结构使得其维度相同：

$$y = F(x, \{W_i\}) + \{W_s\}x$$

但是，从 ResNet 的试验表明，使用恒等映射能够很好地解决退化问题，并且足够简单，计算量足够小。ResNet 的残差结构解决了深度学习模型的退化问题，在 ImageNet 的数据集上，最深的 ResNet 模型达到了 152 层，其 Top5 准确率达到了 95.51%。

7.6　用 PyTorch 进行手写数字识别

torch.utils.data.Datasets 是 PyTorch 用来表示数据集的类，它是用 PyTorch 进行手写数字识别的关键，在本节我们将使用 torchvision.datasets.MNIST 构建手写数字数据集。

下面代码第 5 行实例化了 Datasets 对象，datasets.MNIST 能够自动下载数据保存到本地磁盘，参数 train 默认为 True，用于控制加载的数据集是训练集还是测试集。第 7 行代码使用 len(mnist)调用了__len__方法，第 8 行代码使用了 mnist[j]调用__getitem__（在我们自己建立数据集时，需要继承 Dataset，并且覆写__item__和__len__两个方法）。第 9～10 行代码绘制了 MNIST 手写数字数据集，如图 7.12 所示。

```
1 from torchvision.datasets import MNIST
2 from matplotlib import pyplot as plt
3 %matplotlib inline
4
5 mnist = datasets.MNIST(root='~', train=True, download=True)
6
7 for i, j in enumerate(np.random.randint(0, len(mnist), (10,))):
8     data, label = mnist[j]
9     plt.subplot(2,5,i+1)
10    plt.imshow(data)
```

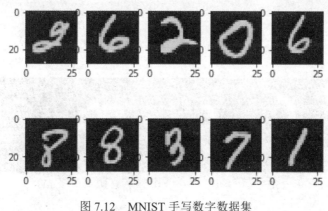

图 7.12　MNIST 手写数字数据集

由于数据预处理是非常重要的步骤，所以 PyTorch 提供了 torchvision.transforms 用于处理数据及数据增强。在这里我们使用了 torchvision.transforms.ToTensor 将 PIL Image 或者 numpy.ndarray 类型的数据转换为 Tensor，并且它会将数据从[0,255]映射到[0,1]。torchvision.transforms.Normalize 会将数据标准化，加速模型在训练中的收敛速率。在使用中，可利用 torchvision.transforms.Compose 将多个 transforms 组合在一起，被包含的 transforms 会顺序执行。

```
1 trans = transforms.Compose([
2     transforms.ToTensor(),
3     transforms.Normalize((0.1307,), (0.3081,))])
4
5 normalized = trans(mnist[0][0])
1 from torchvision import transforms
```

```
2
3 mnist = datasets.MNIST(root='~', train=True, download=True,transform=trans)
```

　　数据流程处理准备完善后开始读取用于训练的数据，torch.utils.data.DataLoader 提供了迭代数据、随机抽取数据、批量化数据，使用 multiprocessing 并行化读取数据的功能。

　　下面定义了函数 imshow，其中第 2 行代码将数据从标准化的数据中恢复，第 3 行代码将 Tensor 类型转换为 ndarray，这样才可以用 matplotlib 绘制出来，绘制的结果如图 7.13 所示，第 4 行代码将矩阵的维度从（C, W, H）转换为（W, H, C）。

```
1 def imshow(img):
2     imq = imq * 0.3081 + 0.1307
3     npimg = img.numpy()
4     plt.imshow(np.transpose(npimg, (1, 2, 0)))
5
6 dataloader = DataLoader(mnist, batch_size=4, shuffle=True, num_workers=4)
7 images, labels = next(iter(dataloader))
8
9 imshow(torchvision.utils.make_grid(images))
```

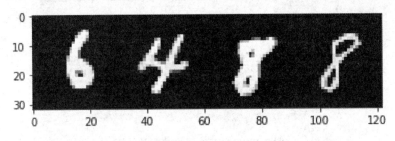

图 7.13　预处理过的手写数字图像

　　下面我们构建用于识别手写数字的神经网络模型。

```
1 class MLP(nn.Module):
2   def __init__(self):
3       super(MLP, self).__init__()
4
5       self.inputlayer = nn.Sequential(nn.Linear(28*28, 256), nn.ReLU(), nn.Dropout(0.2))
6       self.hiddenlayer = nn.Sequential(nn.Linear(256, 256), nn.ReLU(), nn.Dropout(0.2))
7       self.outlayer = nn.Sequential(nn.Linear(256, 10))
8
9
10
```

```
11      def forward(self, x):
12          #将输入图像拉伸为一维向量
13          x = x.view(x.size(0), -1)
14
15          x = self.inputlayer(x)
16          x = self.hiddenlayer(x)
17          x = self.outlayer(x)
18          return x
```

我们可以通过打印 nn.Module 对象看到其网络结构，代码如下。

```
print(MLP())
>>> MLP(
    (inputlayer): Sequential(
        (0): Linear(in_features=784, out_features=256, bias=True)
        (1): ReLU()
        (2): Dropout(p=0.2)
    )
    (hiddenlayer): Sequential(
        (0): Linear(in_features=256, out_features=256, bias=True)
        (1): ReLU()
        (2): Dropout(p=0.2)
    )
    (outlayer): Sequential(
        (0): Linear(in_features=256, out_features=10, bias=True)
    )
)
```

准备好数据和模型后，我们就可以训练模型了。下面分别定义了数据处理和加载流程、模型、优化器、损失函数以及用准确率评估模型能力。第 33 行代码将训练数据迭代 10 个 epoch，并将训练和验证的准确率和损失记录下来。

```
1 from torch import optim
2 from tqdm import tqdm
3 # 数据处理和加载
4 trans = transforms.Compose([
5   transforms.ToTensor(),
6   transforms.Normalize((0.1307,), (0.3081,))])
7 mnist_train = datasets.MNIST(root='~', train=True, download=True, transform=trans)
8 mnist_val = datasets.MNIST(root='~', train=False, download=True, transform=trans)
9
10 trainloader = DataLoader(mnist_train, batch_size=16, shuffle=True, num_workers=4)
11 valloader = DataLoader(mnist_val, batch_size=16, shuffle=True, num_workers=4)
```

```
12
13  # 模型
14  model = MLP()
15
16  # 优化器
17  optimizer = optim.SGD(model.parameters(), lr=0.01, momentum=0.9)
18
19  # 损失函数
20  celoss = nn.CrossEntropyLoss()
21  best_acc = 0
22
23  # 计算准确率
24  def accuracy(pred, target):
25      pred_label = torch.argmax(pred, 1)
26      correct = sum(pred_label == target).to(torch.float)
27      #acc = correct / float(len(pred))
28      return correct, len(pred)
29
30  acc = {'train': [], "val": []}
31  loss_all = {'train': [], "val": []}
32
33  for epoch in tqdm(range(10)):
34      #设置为验证模式
35      model.eval()
36      numer_val, denumer_val, loss_tr = 0., 0., 0.
37      with torch.no_grad():
38          for data, target in valloader:
39              output = model(data)
40              loss = celoss(output, target)
41              loss_tr += loss.data
42
43              num, denum = accuracy(output, target)
44              numer_val += num
45              denumer_val += denum
46      #设置为训练模式
47      model.train()
48      numer_tr, denumer_tr, loss_val = 0., 0., 0.
49      for data, target in trainloader:
50          optimizer.zero_grad()
51          output = model(data)
52          loss = celoss(output, target)
53          loss_val += loss.data
```

```
54        loss.backward()
55        optimizer.step()
56        num, denum = accuracy(output, target)
57        numer_tr += num
58        denumer_tr += denum
59    loss_all['train'].append(loss_tr/len(trainloader))
60    loss_all['val'].append(loss_val/len(valloader))
61    acc['train'].append(numer_tr/denumer_tr)
62    acc['val'].append(numer_val/denumer_val)
>>>   0%|          | 0/10 [00:00<?, ?it/s]
>>>  10%|          | 1/10 [00:16<02:28, 16.47s/it]
>>>  20%|          | 2/10 [00:31<02:07, 15.92s/it]
>>>  30%|          | 3/10 [00:46<01:49, 15.68s/it]
>>>  40%|          | 4/10 [01:01<01:32, 15.45s/it]
>>>  50%|          | 5/10 [01:15<01:15, 15.17s/it]
>>>  60%|          | 6/10 [01:30<01:00, 15.19s/it]
>>>  70%|          | 7/10 [01:45<00:44, 14.99s/it]
>>>  80%|          | 8/10 [01:59<00:29, 14.86s/it]
>>>  90%|          | 9/10 [02:15<00:14, 14.97s/it]
>>> 100%|          | 10/10 [02:30<00:00, 14.99s/it]
```

模型训练迭代过程的损失图像如图 7.14 所示。

```
plt.plot(loss_all['train'])
plt.plot(loss_all['val'])
```

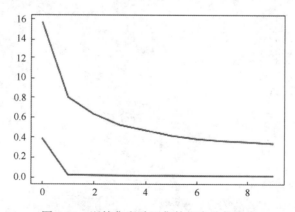

图 7.14　训练集和验证集的损失迭代图像

模型训练迭代过程的准确率图像如图 7.15 所示。

```
plt.plot(acc['train'])
plt.plot(acc['val'])
```

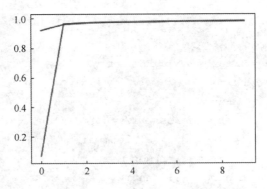

图 7.15　训练集和验证集的准确率迭代图像

7.7　本章小结

　　本章介绍了卷积神经网络与计算机视觉的相关概念。视觉作为人类感受世界的主要途径之一，其重要性在机器智能方面不言而喻。但是在很长一段时间里，计算机只能通过基本的图像处理和几何分析方法观察世界，这无疑限制了其他领域智能的发展。卷积神经网络的出现扭转了这样的局面。通过卷积和池化等运算，卷积层能够高效地提取图像和视频特征，为后续任务提供了坚实的基础。本章实现的手写数字识别只是当下计算机视觉中最简单的应用之一，更为先进的卷积神经网络模型甚至能够在上百万张图片中完成分类任务，而且精度超过人类。

第8章　神经网络与自然语言处理

随着梯度反向传播算法的提出，神经网络在计算机视觉领域取得了巨大的成功，神经网络第一次真正地超越传统方法，成为学术界乃至工业界的实用模型。

这时在自然语言处理领域，统计方法仍然是主流的方法，如 n-gram 语言模型、统计机器翻译的 IBM 模型，就已经发展出许多非常成熟而精巧的变种。由于自然语言处理中所要处理的对象都是离散的符号，如词、n-gram 以及其他的离散特征，所以它与连续型浮点值计算的神经网络有着天然的隔阂。

然而有一群坚定地信奉连接主义的科学家们，一直坚持不懈地对把神经网络引入计算语言学领域进行探索。从最简单的多层感知机网络，到循环神经网络，再到 Transformer 架构，序列建模与自然语言处理成为了神经网络应用最为广泛的领域之一。本章将对自然语言处理领域的神经网络架构发展作全面的梳理。

8.1　语言建模

自然语言处理中，最根本的问题是语言建模。机器翻译可以被看作为一种条件语言模型。我们观察到，自然语言处理领域中每一次网络架构的重大创新都出现在语言建模上。因此在这里对语言建模作必要的简单介绍。

人类使用的自然语言都是以序列形式出现的，尽管这些序列的基本单元应该选择什么是一个开放性的问题（词、音节或字符等）。假设词是基本单元，那么一个句子就是一个由词组成的序列。一门语言能产生的句子是无穷多的，这其中有些句子出现的多，有些出现的少，有些不符合语法的句子出现的概率就非常低。一个概率学的语言模型，就是要对这些句子进行建模。

形式化地，我们将含有 n 个词的一个句子表示为

$$Y = \{y_1, y_2, \cdots, y_n\}$$

其中，y_i 来自于这门语言词汇表中的词。语言模型就是要对句子 Y 输出它在这门语言中出现的概率。

$$p(Y) = p\{y_1, y_2, \cdots, y_n\}$$

对于一门语言，所有句子的概率是要归一化的

$$\sum_Y p(Y) = 1$$

由于一门语言中的句子是无穷无尽的，所以概率模型的参数是非常难以估计的。人们

Python 深度学习

于是把这个模型进行了分解：

$$p(y_1,y_2,\cdots,y_n)=p(y_1)\cdot p(y_2\,|\,y_1)\cdot p(y_3\,|\,y_2,y_1),\cdots,p(y_n\,|\,y_1,\cdots,y_{n-1})$$

因此，我们可以对 $p(y_t,y_1,\cdots,y_{t-1})$ 进行建模。这个概率模型具有直观的语言学意义：给定一句话的前半部分，预测下一个词是什么。这种"下一个词预测"是非常自然且符合人类认知的，因为我们说话时都是按顺序从第一个词说到最后一个词，而后面的词是什么，在一定程度上取决于前面已经说出的词。

翻译，是将一门语言转换成另一门语言。在机器翻译中，被转换的语言被称为源语言，转换后的语言被称为目标语言。机器翻译模型在本质上也是一个概率学的语言模型。我们来观察一下上面建立的语言模型：

$$p(Y)=p(y_1,y_2,\cdots,y_n)$$

假设 Y 是目标语言的一个句子，如果加入一个源语言的句子 X 作为条件，就会得到一个条件语言模型：

$$p(Y\,|\,X)=p(y_1,y_2,\cdots,y_n\,|\,X)$$

当然，这个概率模型也是不容易估计参数的。因此通常使用类似的方法进行分解：

$$p(y_1,y_2,\cdots,y_n\,|\,X)=p(y_1\,|\,X)\cdot p(y_2\,|\,y_1,X)\cdot p(y_3\,|\,y_1,y_2,X),\cdots,p(y_n\,|\,y_1,\cdots,y_{n-1},X)$$

于是，模型 $p(y_n\,|\,y_1,\cdots,y_{n-1},X)$ 具有了易于理解的"下一个词预测"语言学意义，即给定源语言的一句话，以及目标语言已经翻译出来的前半句话，预测下一个翻译出来的词。

以上提到的这些语言模型，对于长短不一的句子要统一处理，在早期不是一件容易的事情。为了简化模型和便于计算，人们提出了一些假设。尽管这些假设并不都十分符合人类的自然认知，但在当时看来确实能够有效地在建模效果和计算难度之间取得了微妙的平衡。

在这些假设当中，最为常用的是马尔科夫假设。在这个假设之下，"下一个词预测"只依赖于前面 n 个词，而不再依赖于整个长度中不确定的前半句。假设 $n=3$，那么语言模型就将变成：

$$p(y_1,y_2,\cdots,y_t)=p(y_1)\cdot p(y_2\,|\,y_1)\cdot p(y_3\,|\,y_1\,|\,y_2),\cdots,p(y_t\,|\,y_{t-1},y_{t-2})$$

这就是著名的 n-gram 模型。

这种通过一定的假设来简化计算的方法，在神经网络方法中仍然有所应用。如当神经网络的输入只能是固定长度时，就只能选取一个固定大小的窗口中的词来作为输入了。

其他一些传统统计学方法中的思想，在神经网络方法中也有所体现，本书不一一赘述。

8.2 基于多层感知器的架构

在提出梯度后向传播算法之后，多层感知器得以被有效训练。这种今天看来相当简单的由全连接层组成的网络，相比于传统的需要特征工程的统计方法却非常有效。在计算机视觉领域，由于图像可以被表示为 RGB 或灰度的数值，因此，输入神经网络的特征都具有良好的数学性质。而在自然语言方面，如何表示一个词就成了难题。人们在早期使用 0-1 向量表示词，如词汇表中有 30000 个词，一个词就表示为一个维度为 30000 的向量，其中表示第 k 个词的向量的第 k 个维度是 1，其余全部是 0。可想而知，这样的稀疏特征输入神经网络中是很难训练的。神经网络方法因此也在自然语言处理领域停滞不前。

曙光出现在 2000 年 NIPS 的一篇论文中，第一作者是日后深度学习三巨头之一的 Bengio。在这篇论文中，Bengio 提出了分布式的词向量表示，有效地解决了词的稀疏特征问题，为后来神经网络方法在计算语言学中的应用奠定了第一块基石。这篇论文就是今日每位 NLP 入门学习者必读的 *A Neural Probabilistic Language Model*，尽管今天我们大多数人读到的都是它的 JMLR 版本。

根据论文的标题，Bengio 所要构建的是一个语言模型。假设我们沿用传统的基于马尔科夫假设的 n-gram 语言模型，怎么样建立一个合适的神经网络架构来体现 $p(y_t \mid y_{t-n}, \cdots, y_{t-1})$ 这样一个概率模型呢？究其本质，神经网络只不过是一个带参函数，假设以 $g(\cdot)$ 表示，那么这个概率模型就可以表示成：

$$p(y_t \mid y_{t-n}, \cdots, y_{t-1}) = g(y_{t-n}, \cdots, y_{t-1}; \theta)$$

既然是这样，那么词向量也可以是神经网络参数的一部分，与整个神经网络一起进行训练，这样我们就可以使用一些低维度的、具有良好数学性质的词向量表示了。

在这篇论文中有一个词向量矩阵的概念。词向量矩阵 C 是与其他权值矩阵一样的神经网络中的一个可训练的组成部分。假设我们有 $|V|$ 个词，每个词的维度是 d，d 远远小于 $|V|$。那么这个词向量矩阵 C 的大小就是 $|V| \times d$。其中第 k 行 $C(k)$ 是一个维度为 d 的向量，用于表示第 k 个词。这种特征不像 0-1 向量那么稀疏，对于神经网络比较友好。

在 Bengio 的设计中，$y_{t-n}, \cdots, y_{t-1}$ 的信息是以词向量拼接的形式输入神经网络的，即：

$$x = [C(y_{t-n}); \cdots; C(y_{t-1})]$$

而神经网络 $g(\cdot)$ 则采取了这样的形式：

$$g(x) = \text{soft max}(b_1 + Wx + U \tanh(b_2 + Hx))$$

神经网络的架构中包括线性 $b_1 + Wx$ 和非线性 $U \tanh(b_2 + Hx)$ 两个部分，使得线性部分可以在必要时提供直接连接。这种早期的设计有着今天残差连接和门限机制的影子。

这个神经网络架构（见图 8.1）的语言学意义非常直观：它实际上是模拟了 n-gram 的条件概率，给定一个固定大小窗口的上下文信息，预测下一个词的概率。这种自回归的"下一个词预测"从统计自然语言处理中被带到了神经网络方法中，并且一直是当今神经网络概率模型中最基本的假设。

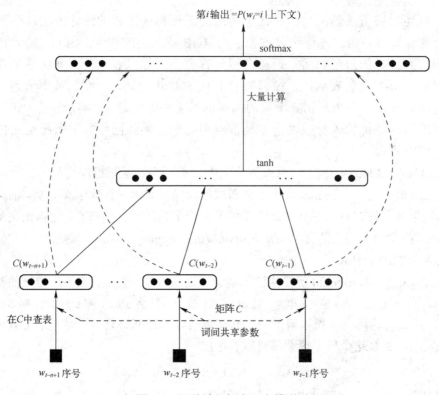

图 8.1　一种神经概率语言模型

8.3　基于循环神经网络的架构

早期的神经网络都有固定大小的输入，以及固定大小的输出。这在传统的分类问题上（特征向量维度固定）以及图像处理上（固定大小的图像）可以满足我们的需求。但是在自然语言处理中，句子是一个变长的序列，传统上固定输入的神经网络就无能为力了。8.2节中的方法，就是牺牲了远距离的上下文信息，而只取固定大小窗口中的词。这无疑给更加准确的模型带来了限制。

为了处理这种变长序列的问题，神经网络必须采取一种适合的架构，使得输入序列和输出序列的长度可以动态地变化，而又不改变神经网络中参数的个数（否则训练无法进行）。基于参数共享的思想，我们可以在时间线上共享参数。在这里，时间是一个抽象的概念，通常表示为时步（Timestep），如若一个以单词为单位的句子是一个时间序列，那么句子中第一个单词是第一个时步，第二个单词就是第二个时步，以此类推。共享参数的作用不仅在于使得输入长度可以动态变化，而且还在于将一个序列各时步的信息关联起来，沿时间线向前传递。

这种神经网络架构就是循环神经网络。本小节将先阐述循环神经网络中的基本概念，然后介绍语言建模中循环神经网络的使用。

8.3.1 循环单元

循环单元是一个很有效的沿时间线共享参数方式，它使得时间线可以递归地展开。形式化地可以表示为：

$$h_t = f(h_{t-1}; \theta)$$

其中，$f(\cdot)$ 为循环单元（Recurrent Unit）；θ 为参数。为了在循环的每一时步都输入待处理序列中的一个元素，我们对循环单元做如下更改：

$$h_t = f(x_t, h_{t-1}; \theta)$$

h_t 一般不直接作为网络输出，而是作为隐藏层的结点，因此，被称为隐单元。它在时步 t 的具体取值成为在时步 t 的隐状态。隐状态通过线性或非线性的变换生成同样为长度可变的输出序列：

$$y_t = g(h_t)$$

这样具有循环单元的神经网络被称为循环神经网络（Recurrent Neural Network, RNN）。将以上计算步骤画成计算图（见图 8.2），可以看到，隐藏层结点有一条指向自己的箭头，代表循环单元。

将图 8.2 的循环展开（见图 8.3），可以清楚地看到循环神经网络是如何以一个变长的序列 $x_1, x_2, \cdots, x_n$ 为输入，并输出一个变长的序列 $y_1, y_2, \cdots, y_n$。

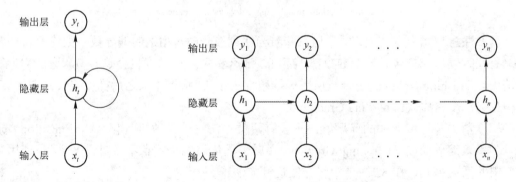

图 8.2 循环神经网络　　　　图 8.3 循环神经网络展开形式

8.3.2 通过时间后向传播

在 8.3.1 节中，循环单元 $f(\cdot)$ 可以采取许多形式。其中最简单的形式是使用线性变换：

$$h_t = W_{xh}x_t + W_{hh}h_{t-1} + b$$

其中，W_{xh} 是从输入 x_t 到隐状态 h_t 的权值矩阵，W_{hh} 是从前一个时步的隐状态 h_{t-1} 到当前时步隐状态 h_t 的权值矩阵，b 是偏置。采用这种形式循环单元的循环神经网络被称为**朴素循环神经网络**（Vanilla RNN）。

在实际中很少使用朴素循环神经网络，这是由于它在误差后向传播时会出现梯度消失或梯度爆炸的问题。为了理解什么是梯度消失和梯度爆炸，我们先了解朴素循环神经网络的误差后向传播过程。

在图 8.4 中，E_t 表示时步 t 的输出 y_t 以某种损失函数计算的误差，s_t 表示时步 t 的隐状态。若需要计算 E_t 对 W_{hh} 的梯度，我们可以对每个时间步的隐状态应用链式法则，并将得到的偏导数逐步相乘，这个过程（如图 8.4 所示）被称为通过时间后向传播（Back Propagation Through Time，BPTT）。形式化地，E_t 对 W_{hh} 的梯度计算如下。

$$\frac{\partial E_t}{\partial W_{hh}} = \sum_{k=0}^{t} \frac{\partial E_t}{\partial y_t} \cdot \frac{\partial y_t}{\partial s_t} \cdot \left(\prod_{i=k}^{t-1} \frac{\partial s_{i+1}}{\partial s_i} \right) \cdot \frac{\partial s_k}{\partial W_{hh}}$$

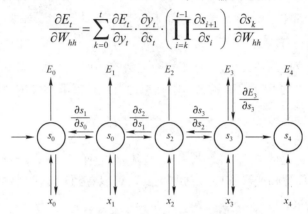

图 8.4　通过时间后向传播（BPTT）

（图片来源：http://www.wildml.com/2015/10/recurrent-neural-networks-tutorial-part-3-

backpropagation-through-time-and-vanishing-gradients/）

我们注意到式中有一项连乘，这意味着当序列较长时，相乘的偏导数个数将变得非常多。有些时候，一旦所有的偏导数都小于 1，那么相乘之后梯度将会趋向 0，这被称为梯度消失（Vanishing Gradient）；一旦所有偏导数都大于 1，那么相乘之后梯度将会趋向无穷，这被称为梯度爆炸（Exploding Gradient）。

梯度消失与梯度爆炸的问题解决一般有两类办法：一是改进优化（Optimization）过程，如引入缩放梯度（Clipping Gradient）（属于优化问题，本章不予讨论）；二是使用带有门限的循环单元，在 8.3.3 节中将介绍这种方法。

8.3.3　带有门限的循环单元

在循环单元中引入门限，除了解决梯度消失和梯度爆炸的问题外，最重要的原因是为了解决长距离信息传递的问题。设想要把一个句子编码到循环神经网络的最后一个隐状态里，如果没有特别的机制，离句末越远的单词信息损失一定是最大的。为了保留必要的信息，可以在循环神经网络中引入门限。门限相当于一种可变的短路机制，使得有用的信息可以"跳过"一些时步，直接传到后面的隐状态；同时由于这种短路机制的存在，使得误差后向传播的时候得以直接通过短路传回来，避免了在传播过程中爆炸或消失。

LSTM 最早出现的门限机制是 Hochreiter 等人于 1997 年提出的长短时记忆（Long

Short-Term Memory, LSTM）。LSTM 中显式地在每一时步 t 引入了记忆 c_t，并使用输入门限 i，遗忘门限 f，输出门限 o 来控制信息的传递。LSTM 循环单元 $h_t = \mathrm{LSTM}(h_{t-1}, c_{t-1}, x_t; \theta)$ 表示如下：

$$h_t = o \odot \tanh(c_t)$$

$$c_t = i \odot g + f \odot c_{t-1}$$

其中，$\odot$ 表示逐元素相乘。输入门限 i，遗忘门限 f，输出门限 o，候选记忆 g 分别为：

$$i = \sigma(W_I h_{t-1} + U_I x_t)$$

$$f = \sigma(W_F h_{t-1} + U_F x_t)$$

$$o = \sigma(W_O h_{t-1} + U_O x_t)$$

$$g = \tanh(W_G h_{t-1} + U_G x_t)$$

直觉上，这些门限可以控制向新的隐状态中添加多少新的信息，以及遗忘多少旧隐状态的信息，使得重要的信息得以传播到最后一个隐状态。

GRU Cho 等人在 2014 年提出了一种新的循环单元，其思想是不再显式地保留一个记忆，而是使用线性插值的办法自动调整添加多少新信息和遗忘多少旧信息。这种循环单元称为**门限循环单元**（Gated Recurrent Unit, GRU），$h_t = \mathrm{GRU}(h_{t-1}, x_t; \theta)$ 表示如下：

$$h_t = (1 - z_t) \odot h_{t-1} + z_t \odot \tilde{h}_t$$

其中，更新门限 z_t 和候选状态 $\tilde{h}_t$ 的计算如下：

$$z_t = \sigma(W_z x_t + U_z h_{t-1})$$

$$\tilde{h}_t = \tanh(W_H x_t + U_H(r \odot h_{t-1}))$$

其中，r 为重置门限，计算如下：

$$r = \sigma(W_R x_t + U_R h_{t-1})$$

GRU 达到了与 LSTM 类似的效果，但是由于不需要保存记忆，因此稍微节省内存空间，但整体而言 GRU 与 LSTM 在实践中并无实质性差别。

8.3.4 循环神经网络语言模型

由于循环神经网络能够处理变长的序列，所以它非常适合处理语言建模的问题。Mikolov 等人在 2010 年提出了基于循环神经网络的语言模型 RNNLM，它是本章要介绍的第二篇经典论文 *Recurrent Neural Network based Language Model*。

在 RNNLM 中，核心的网络架构是一个朴素循环神经网络。其输入层 $x(t)$ 为当前词词向量 $w(t)$ 与隐藏层的前一时步隐状态 $s(t-1)$ 的拼接：

$$x_t = [w(t); s(t-1)]$$

隐状态的更新是通过将输入向量 $x(t)$ 与权值矩阵相乘，然后进行非线性转换：

$$s(t) = f(x(t) \cdot u)$$

实际上，将多个输入向量进行拼接然后乘以权值矩阵等效于将多个输入向量分别与小的权值矩阵相乘，因此这里的循环单元仍是 8.3.2 节中介绍的朴素循环单元。

更新了隐状态之后，就可以将这个隐状态再次作非线性变换，输出一个在词汇表上归一化的分布。例如，词汇表的大小为 k，隐状态的维度为 h，那么可以使用一个大小为 $h \times k$ 的矩阵 v 乘以隐状态作线性变换，使其维度变为 k，然后使用 softmax 函数使得 k 维的向量归一化：

$$y(t) = \mathrm{softmax}(s(t) \cdot v)$$

这样，词汇表中的第 i 个词是下一个词的概率：

$$p(w_t = i \mid w_1, w_2, \cdots, w_{t-1}) = y_i(t)$$

在这个概率模型的条件里，包含了整个前半句 $w_1, w_2, \cdots, w_{t-1}$ 的所有上下文信息。它克服了之前由马尔科夫假设所带来的限制，因此该模型带来了较大的提升。相比于模型效果上的提升，更为重要的是循环神经网络在语言模型上的成功应用，让人们看到了神经网络在计算语言学中的曙光。

8.3.5 神经机器翻译

循环神经网络在语言建模上的成功应用，启发着人们探索将循环神经网络应用于其他任务的可能性。在众多自然语言处理任务中，与语言建模最相似的是机器翻译。而将一个语言模型改造为机器翻译模型，人们需要解决的一个问题就是如何将来自源语言的条件概率体现在神经网络架构中。

当时，主流统计机器翻译中的噪声通道模型也许给了研究者们一些启发：如果先用一个基于循环神经网络的语言模型给源语言编码，然后用另一个基于循环神经网络的目标端语言模型进行解码，是否可以将这种条件概率表现出来呢？然而如何设计才能将源端编码的信息加入目标端语言模型的条件？答案并不是显而易见的。我们无从得知神经机器翻译的经典编码器-解码器模型是如何设计得如此自然、简洁而又效果拔群，但这背后一定离不开无数次对各种模型架构的尝试。

2014 年的 EMNLP 上出现了一篇论文 *Learning Phrase Representations using RNN Encoder-Decoder for Statistical Machine Translation*，它是经典的 RNNSearch 模型架构的前身。在这篇论文中，源语言端和目标语言端的两个循环神经网络是由一个"上下文向量" c 联系起来的。

还记得 8.3.4 节中提到的循环神经网络语言模型吗？如果将所有权值矩阵和向量简略为 θ，所有线性及非线性变换简略为 $g(\cdot)$，那么它就具有这样的形式：

$$p(y_t \mid y_1, y_2, \cdots, y_{t-1}) = g(y_{t-1}, s_t; \theta)$$

如果在条件概率中加入源语言句子成为翻译模型 $p(y \mid y_1, y_2, \cdots, y_{t-1} \mid x_1, x_2, \cdots, x_n)$，神经网络中对应地就应该加入代表 $x_1, x_2, \cdots, x_n$ 的信息。这种信息如果用一个定长向量 c 表示，模型就变成了 $g(y_{t-1}, s_{t-1}, c; \theta)$，这样就可以把源语言的信息在网络架构表达出来了。

可是一个定长的向量 c 又怎么才能包含源语言一个句子的所有信息呢？循环神经网络天然地提供了这样的机制：这个句子如果像语言模型一样逐词输入到循环神经网络中，我们就会不断更新隐状态，隐状态中实际上就包含了所有输入词的信息。到整个句子输入完成，我们得到的最后一个隐状态就可以用于表示整个句子。

基于这个思想，Cho 等人设计出了最基本的编码器-解码器模型（见图 8.5）。所谓编码器，就是一个将源语言句子编码的循环神经网络：

$$h_t = f(x_t, h_{t-1})$$

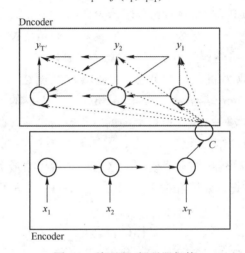

图 8.5　编码器-解码器架构

（图片来源：Learning Phrase Representations using RNN Encoder-Decoder for Statistical Machine Translation）

其中，$f(\cdot)$ 是 8.3.3 节中介绍的门限循环神经网络；x_t 是源语言的当前词；h_{t-1} 是编码器的前一个隐状态。当整个长度为 m 的句子结束，我们就将得到的最后一个隐状态作为上下文向量：

$$c = h_m$$

解码器一端也是一个类似的网络：

$$s_t = g(y_{t-1}, s_{t-1})$$

其中，$g(\cdot)$ 是与 $f(\cdot)$ 具有相同形式的门限循环神经网络；y_{t-1} 是前一个目标语言的词；s_{t-1} 是前一个解码器隐状态。更新解码器的隐状态之后，我们就可以预测目标语言句子的下一个词了：

$$p(y = y_t \mid y_1, y_2, \cdots, y_{t-1}) = \text{softmax}(y_t, s_t, c)$$

这种方法打开了双语/多语任务上神经网络架构的新思路，但是其局限也是非常突出：一个句子不管多长，都被强行压缩到一个固定不变的向量上。可想而知，源语言句子越长，压缩过程丢失的信息就越多。事实上当这个模型处理 20 词以上的句子时，模型效果就迅速退化。此外，越靠近句子末端的词，进入上下文向量的信息就越多，而越前面的词信息就越加被模糊和淡化。这是不合理的，因为在产生目标语言句子的不同部分时，需要来自于源语言句子不同部分的信息，而并不是只盯着源语言句子最后几个词。

这时候，人们想起了统计机器翻译中一个非常重要的概念——词对齐模型。能不能在神经机器翻译中也引入类似的词对齐机制呢？如果可以，翻译时就可以选择性地加入只包含某一部分词信息的上下文向量，这样一来就避免了将整句话压缩到一个向量的信息损失，而且可以动态地调整所需要的源语言信息。

统计机器翻译中的词对齐是一个二元的、离散的概念，即源语言词与目标语言词要么对齐，要么不对齐（尽管这种对齐是多对多的关系）。但是正如本章开头介绍的那样，神经网络是一个处理连续浮点值的函数，词对齐需要经过一定的变通才能结合到神经网络中。

2014 年，刚在 EMNLP 发表编码器-解码器论文的 Cho、Bengio 和当时 MILA 实验室的博士生 Bahdanau 提出了一个至今看来让人叹为观止的精巧设计——软性词对齐模型，并给了它一个日后人们耳熟能详的名字——注意力机制。

这篇描述加入了注意力机制的编码器-解码器神经网络机器翻译的论文以 *Neural Machine Translation by Jointly Learning to Align and Translate* 的标题发表在 2015 年 ICLR 上，成为一篇划时代的论文——统计机器翻译的时代宣告结束，此后是神经机器翻译的天下。这就是本章所要介绍的第三篇经典论文。

相对于 EMNLP 的编码器-解码器架构，这篇论文对模型最关键的更改在于上下文向量。它不再是一个解码时每一步都相同的向量 c，而是每一步都根据注意力机制来调整的动态上下文向量 c_t。

注意力机制，顾名思义，就是一个目标语言词对于一个源语言词的注意力。这个注意力是用一个浮点数值来量化的，并且是归一化的，即源语言句子所有词的注意力加起来等于 1。

那么在解码进行到第 t 个词时，怎么来计算目标语言词 y_t 对源语言句子第 k 个词的注意力呢？手段很多，如点积、线性组合等。以线性组合为例：

$$Ws_{t-1} + Uh_k$$

加上一些变换，得到一个注意力分数：

$$e_{t,k} = v \cdot \tanh(Ws_{t-1} + Uh_k)$$

然后通过 softmax 函数将这个注意力分数归一化：

$$a_t = \mathrm{softmax}(e_t)$$

于是，这个归一化的注意力分数就可以作为权值，将编码器的隐状态加权求和，得到第 t 时步的动态上下文向量：

$$c_t = \sum_k a_{t,k} \cdot h_k$$

这样，注意力机制很自然地被结合到了解码器中：

$$p(y = y_t \mid y_1, y_2, \cdots, y_{t-1}) = \mathrm{softmax}(y_t, s_t, c_t)$$

之所以说这是一种软性的词对齐模型，是因为我们可以认为目标语言的词不再是 100%或 0%对齐到某个源语言词上，而是以一定的比例（如 60%对齐到这个词上，40%对齐到那个词上），这个比例就是归一化的注意力分数。

这个基于注意力机制的编码器-解码器模型（见图 8.6），不只适用于机器翻译任务，还普遍地适用于从一个序列到另一个序列的转换任务。如在文本摘要中，我们可以认为是把一段文字"翻译"成较短的摘要，诸如此类。因此作者给它起的本名 RNNSearch 在机器翻译外的领域并不广为人知，而是被称为 Seq2Seq（Sequence-to-Sequence，序列到序列）。

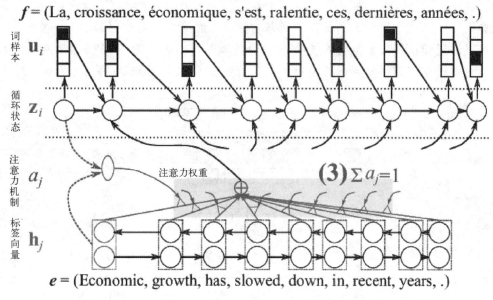

图 8.6　RNNSearch 中的注意力机制

（图片来源：https://devblogs.nvidia.com/introduction-neural-machine-translation-gpus-part-3/）

8.4　基于卷积神经网络的架构

虽然卷积神经网络一直没能成为自然语言处理领域的主流网络架构，但一些基于卷积神经网络的架构也曾被探索和关注。这里简单地介绍一个例子——卷积序列到序列（Conv Seq2Seq）。

很长一段时间里，循环神经网络都是自然语言处理领域的主流框架：它自然地符合了序列处理的特点，而且积累了多年以来探索的训练技巧使它总体效果不错。但它的弱点也是显而易见，即循环神经网络中，下一时步的隐状态总是取决于上一时步的隐状态，它使计算无法并行化，而只能逐时步地按顺序计算。

在这样的背景之下，人们提出了使用卷积神经网络来替代编码器-解码器架构中的循环单元，使得整个序列可以同时被计算。但是，这样的方案也有它固有的问题：首先，卷积神经网络只能捕捉到固定大小窗口的上下文信息，这与我们想要捕捉序列中长距离依赖关系的初衷背道而驰；其次，循环依赖被取消之后，如何在建模中捕捉词与词之间的顺序关系也是一个不能绕开的问题。

在 *Convolutional Sequence to Sequence Learning* 一文中，作者通过网络架构上巧妙地设计，缓解了上述两个问题。首先，在词向量的基础上加入一个位置向量，以此来让网络知道词与词之间的顺序关系。对于固定窗口的限制，作者指出，如果把多个卷积层叠加在一起，那么有效的上下文窗口就会大大增加。例如，原本左右两边的上下文窗口都是 5，如果两层卷积叠加到一起，第 2 个卷积层第 t 个位置的隐状态就可以通过卷积接收来自第 1 个卷积层第 t+5 个位置隐状态的信息，而第 1 个卷积层第 t+5 个位置的隐状态又可以通过卷积接收来自输入层第 t+10 个位置的词向量信息。当多个卷积层叠加起来之后，有效的上下文窗口就不再局限于一定的范围了。网络结构如图 8.7 所示。

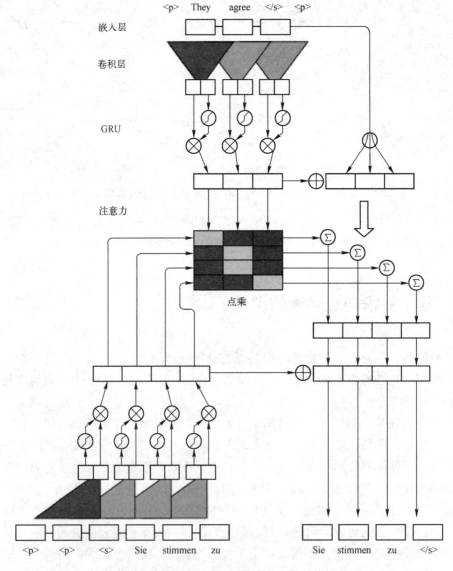

图 8.7　卷积序列到序列（图片来源：Convolutional Sequence to Sequence Learning）

整体网络架构仍旧采用带有注意力机制的编码器-解码器架构。

1．输入

网络的输入为词向量与位置向量的逐元素相加。在这里，词向量与位置向量都是网络中可训练的参数。

2．卷积与非线性变换单元

在编码器和解码器中，卷积层与非线性变换组成的单元多层叠加。在一个单元中，卷积首先将上一层的输入投射成为维度两倍于输入的特征，然后将这个特征矩阵切成两份 $Y=[AB]$。B 被用于计算门限，以控制 A 流向下一层的信息：

$$v([AB]) = A \odot \sigma(B)$$

其中，$\odot$ 表示逐元素相乘。

3．多步注意力

与 RNNSearch 的注意力稍有不同，这里的多步注意力计算的是解码器状态对于编码器状态+输入向量的注意力（而不仅仅是对编码器状态的注意力）。这使得来自底层的输入信息可以直接被注意力获得。

8.5　基于 Transformer 的架构

在 2014～2017 年，基于循环神经网络的 Seq2Seq 在机器翻译以及其他序列任务上占据了绝对的主导地位，编码器-解码器架构以及注意力机制的各种变体被研究者反复探索。尽管循环神经网络不能并行计算是一个固有的限制，但似乎一些对于可以并行计算的网络架构的探索并没有取得在模型效果上的特别显著的提升（如上一节所提及的 Conv Seq2Seq）。

卷积神经网络在效果上总体比不过循环神经网络是有原因的，不管怎样设计卷积单元，它所吸收的信息永远是来自于一个固定大小的窗口。这使得研究者陷入了两难的尴尬境地：循环神经网络缺乏并行能力，卷积神经网络不能很好地处理变长的序列。

让我们回到最初的多层感知机时代：多层感知机对于各神经元是并行计算的。但那时，多层感知机对句子进行编码效果不理想的原因有如下几个。

1）如果所有的词向量都共享一个权值矩阵，那么我们无从知道词之间的位置关系。

2）如果给每个位置的词向量使用不同的权值矩阵，由于全连接的神经网络只能接受固定长度的输入，这就导致了 8.2 节中所提到的语言模型只能取固定大小窗口里的词作为输入。

3）全连接层的矩阵相乘计算开销非常大。

4）全连接层有梯度消失/梯度爆炸的问题，使得网络难以训练，在深层网络中抽取特征的效果也不理想。

5）随着深度神经网络火速发展了几年，各种方法和技巧都被开发和探索，使得上述问题被逐一解决。

Conv Seq2Seq 中的位置向量为表示词的位置关系提供了可并行化的可能性：以前我们只能依赖于循环神经网络按顺序展开的时步来捕捉词的顺序，现在由于有了不依赖于前一个时步的位置向量，我们可以并行地计算所有时步的表示而不丢失位置信息。

注意力机制的出现使得变长的序列可以根据注意力权重来对序列中的元素加权平均，得到一个定长的向量，而这样的加权平均又比简单的算术平均能保留更多信息，最大程度上避免了压缩带来的信息损失。由于一个序列通过注意力机制可以被有效地压缩成为一个向量，在进行线性变换时，矩阵相乘的计算量大大减少。

在横向（沿时步展开的方向）上，循环单元中的门限机制有效地缓解了梯度消失以及梯度爆炸的问题；在纵向（隐藏层叠加的方向）上，计算机视觉中的残差连接网络提供了非常好的解决思路，使得深层网络叠加后的训练成为可能。

于是，在 2017 年年中，Google 在 NIPS 上发表了一篇思路大胆、效果拔群的论文，翻开了自然语言处理的新篇章。这篇论文就是本章要介绍的最后一篇划时代的经典论文 *Attention is All You Need*。这篇论文发表后不到一年时间里，曾经如日中天的各种循环神经网络模型悄然淡出，基于 Transformer 架构的模型横扫各项自然语言处理任务。

在这篇论文中，作者提出了一种全新的神经机器翻译网络架构——Transformer。它仍然沿袭了 RNNSearch 中的编码器-解码器框架。只是这一次，所有的循环单元都被取消了，取而代之的是可以并行的 Transformer 编码器单元/解码器单元。

因此，模型中没有了循环连接，每一个单元的计算不再需要依赖于前一个时步的单元，于是代表这个句子中每一个词的编码器/解码器单元理论上都可以同时计算。可想而知，这个模型在计算效率上能比循环神经网络快一个数量级。

但是需要特别说明的是，由于机器翻译概率模型仍是自回归的，即翻译下一个词还是取决于前面翻译出来的词：

$$p(y_t \mid y_1, y_2, \cdots, y_{t-1})$$

因此，虽然编码器在训练、解码的阶段以及解码器在训练阶段都可以并行计算，解码器在解码阶段的计算仍然要逐词进行解码，但计算的速度已经大大增加。

下面，笔者将先详细介绍 Transformer 各部件的组成及设计，然后讲解组装之后的 Transformer 如何工作。

8.5.1 多头注意力

正如这篇论文的名字所体现：注意力在整个 Transformer 架构中处于核心地位。

在 8.3.5 节中，注意力一开始被引入神经机器翻译是以软性词对齐机制的形式。对于注意力机制一个比较直观的解释是，某个目标语言词对于每一个源语言词具有多少注意力。如果把这种注意力的思想抽象一下，就会发现可以把注意力的计算过程当成一个查询的过程：假设有一个由一些键-值对组成的映射，给出一个查询，根据这个查询与每个键的关系，得到每个值应得到的权重，然后把这些值加权平均。在 RNNSearch 的注意力机制中，查询就是这个目标词，键和值是相同的，是源语言句子中的词。

如果查询、键、值都相同呢？直观地说，就是一个句子中的词对于句子中其他词的注意力。在 Transformer 中，这是自注意力机制，它可以用来对源语言句子进行编码，由于每个位置的词作为查询时，查到的结果是这个句子中所有词的加权平均结果，因此这个结果向量中不仅包含了它本身的信息，还含有它与其他词的关系信息。这样就具有了和循环神经网络类似的效果——捕捉句子中词的依赖关系。它甚至比循环神经网络在捕捉长距离依赖关系中做得更好，因为句中的每一个词都有与其他所有词直接连接的机会，而循环神经网络中距离远的两个词之间只能隔着许多时步传递信号，每一个时步都会减弱这个信号。

形式化地，如果我们用 Q 表示查询，K 表示键，V 表示值，那么注意力机制无非就是关于它们的一个函数：

$$\text{Attention}(Q,K,V)$$

在 RNNSearch 中，这个函数具有的形式是：

$$\text{Attention}(Q,K,V) = \text{softmax}([v \cdot \tanh(WQ+UKV)]^{\text{T}} \cdot V$$

也就是说，查询与键中的信息以线性组合的形式进行了互动。

那么其他的形式是否会有更好的效果呢？在实验中，研究人员发现简单的点积比线性组合更为有效，即

$$QK^{\text{T}}$$

不仅如此，矩阵乘法可以在实现上更容易优化，使计算可以加速，并且更加节省空间。但是点积带来了新的问题：由于隐藏层的向量维度 d_k 很高，点积会得到比较大的数字，这使得softmax的梯度变得非常小。在实验中，研究人员把点积进行放缩，乘以一个因子 $\frac{1}{\sqrt{d_k}}$，有效地缓解了这个问题，即：

$$\text{Attention}(Q,K,V) = \text{softmax}()$$

到目前为止，注意力机制计算结果只有一组权重。可是语言是一种高度抽象的表达系统，包含着各种不同层次和不同方面的信息，同一个词也许在不同层次上应该具有不同的权重。怎么样来抽取这种不同层次的信息呢？Transformer 有一个非常精巧的设计——多头注意力，其结构如图 8.8 所示。

多头注意力首先使用 n 个权值矩阵把查询、键、值分别进行线性变换，得到 n 套键值查询系统，然后分别进行查询。由于权值矩阵不同，所以每一套键值查询系统计算的注意力权重就不同，这就是多个"注意力头"。最后，在每一套系统中分别进行熟悉的加权平均，然后在每一个词的位置上把所有注意力头得到的加权平均向量拼接起来，得到总的查询结果。

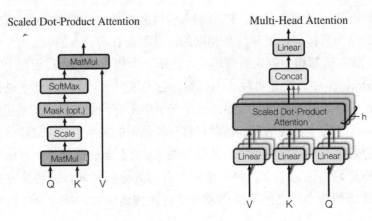

图 8.8　多头注意力（图片来源：Attention is All You Need）

在 Transformer 架构中，编码器单元和解码器单元各有一个基于多头注意力的自注意力层，用于捕捉一种语言的句子内部词与词之间的关系。如前文所述，这种自注意力中查询、键、值是相同的。我们留意到，在目标语言一端，由于解码是逐词进行的，自注意力不可能注意到当前词之后的词，因此解码器端的注意力只注意当前词之前的词，这在训练阶段是通过掩码机制实现的。

而在解码器单元中，由于是目标语言端，它需要来自于源语言端的信息，因此还有一个解码器对编码器的注意力层，其作用类似于 RNNSearch 中的注意力机制。

8.5.2　非参位置编码

在 Conv Seq2Seq 中，作者引入了位置向量来捕捉词与词之间的位置关系。这种位置向量与词向量类似，都是网络中的参数，是在训练中得到的。

但这种将位置向量参数化的做法也有非常明显的短处。由于句子长短不一，假设大部分句子至少有 5 个词以上，只有少部分句子超过 50 个词，那么第 1 到第 5 个位置的位置向量训练样例就会有非常多，第 51 个词之后的位置向量可能在整个语料库中都找不到几个训练样例。这意味着位置越往后有词的概率越低，训练越不充分。由于位置向量本身是参数，且数量有限，因此超出最后一个位置的词无法获得位置向量。例如训练时，最长句子长度设置为 100，那么就只有 100 个位置向量，如果在翻译中遇到长度是 100 以上的句子就只能截断了。

在 Transformer 中，作者使用了一种非参的位置编码。没有参数，位置信息是怎么编码到向量中的呢？这种位置编码借助于正弦函数和余弦函数天然含有的时间信息。这样一来，位置编码本身不需要有可调整的参数，而是上层的网络参数在训练中调整以适应于位置编码，所以避免了越往后位置向量训练样本越少的困境。同时，任何长度的句子都可以被很好地处理。另外，由于正弦和余弦函数都是周期循环的，因此，位置编码实际上捕捉到的是一种相对位置信息，而非绝对位置信息，这与自然语言的特点非常契合。

Transformer 的第 p 个位置的位置编码是这样一个函数：

$$\text{PE}(p, 2i) = \sin(p/10000^{2i/d})$$

$$\text{PE}(p, 2i+1) = \cos(p/10000^{2i/d})$$

其中，$2i$ 和 $2i+1$ 分别是位置编码的第奇数个维度和第偶数个维度，d 是词向量的维度，这个维度等同于位置编码的维度，这样位置编码就可以和词向量直接相加了。

8.5.3 编码器单元与解码器单元

在 Transformer 中，每一个词都会被堆叠的编码器单元所编码。Transformer 的结构如图8.9 所示，一个编码器单元中有两层，第一层是多头的自注意力层，第二层是全连接层，每一层都加上了残差连接和层归一化。这是一个非常精巧的设计，注意力+全连接的组合给特征抽取提供了足够的自由度，而残差连接和层归一化又让网络参数更加容易训练。

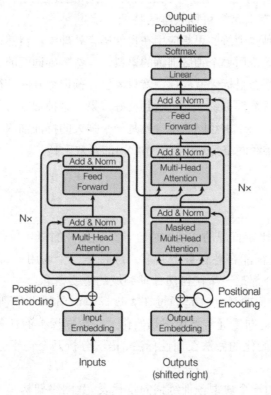

图 8.9　Transformer 整体架构（图片来源：Attention is All You Need）

编码器由许许多多相同的编码器单元所组成：每一个位置都有一个编码器单元栈，编码器单元栈中都是多个编码器单元堆叠而成的。在训练和解码时，所有位置上编码器单元栈并行计算，相比于循环神经网络而言大大提高了编码的速度。

解码器单元也具有与编码器单元类似的结构。区别有两点：一是解码器单元比编码器单元多了一个解码器对编码器注意力层；二是解码器单元中的自注意力层加入了掩码机制，使得前面的位置不能注意后面的位置。

与编码器相同,解码器也是由包含了堆叠的解码器单元的解码器单元栈所组成的。训练时所有的解码器单元栈都可以并行计算,而解码时则按照位置顺序执行。

8.6 表示学习与预训练技术

在计算机视觉领域,一个常用的提升训练数据效率的方法就是把一些在 ImageNet 或其他任务上预训练好的神经网络层共享应用到目标任务上,这些被共享的网络层被称为 backbone。使用预训练的好处在于,如果某项任务的数据非常少,但它和其他任务有相似之处,就可以利用在其他任务中学习到的知识,从而减少对某一任务专用标注数据的需求。这种共享的知识往往是某种通用的常识。例如,在计算机视觉的网络模型中,研究者们从可视化的各层共享网络中分别发现了不同的特征表示,这是因为不管是什么任务,要处理的对象总是图像,总是有非常多可以共享的特征表示。

研究者们也想把这种预训练的思想应用在自然语言处理中。自然语言中也有许多可以共享的特征表示。例如,无论用哪个领域训练的语料,一些基础词汇的含义总是相似的,语法结构总是大多相同的,那么目标领域的模型就只需要在预训练好的特征表示基础上针对目标任务或目标领域进行少量数据训练,即可达到良好效果。这种抽取可共享特征表示的机器学习算法被称为表示学习。由于神经网络本身就是一个强大的特征抽取工具,因此不管在自然语言还是在视觉领域,神经网络都是进行表示学习的有效工具。

8.6.1 词向量

自然语言中,一个比较直观的、规模适合计算机处理的语言单位就是词。因此非常自然地,如果词的语言特征能在各任务上共享,这将是一个通用的特征表示。因此词嵌入(Word Embedding)至今都是一个在自然处理领域的重要概念。

在早期的研究中,词向量往往是通过在大规模单语语料上预训练一些语言模型得到的,而这些预训练好的词向量通常被用来初始化一些数据稀少的任务模型中的词向量,这种利用预训练词向量初始化的做法在词性标注、语法分析乃至句子分类中都有明显的效果提升作用。

Word2Vec 是早期的一个典型预训练词向量代表。其网络架构是 8.2 节中所介绍的基于多层感知机的架构,本质上都是通过一个上下文窗口的词来预测某一个位置的词,它们的特点是局限于全连接网络的固定维度限制,只能得到固定大小的上下文。

Word2Vec 的预训练方法主要依赖于语言模型。它的预训练主要基于两种思想:第一种是通过上下文(如句子中某个位置前几个词和后几个词)来预测当前位置的词,这种方法被称为 Continuous Bag-of-Words(CBOW),其结构如图 8.10 所示;第二种是通过当前词来预测上下文,被称为 Skip-gram,其结构如图 8.11 所示。

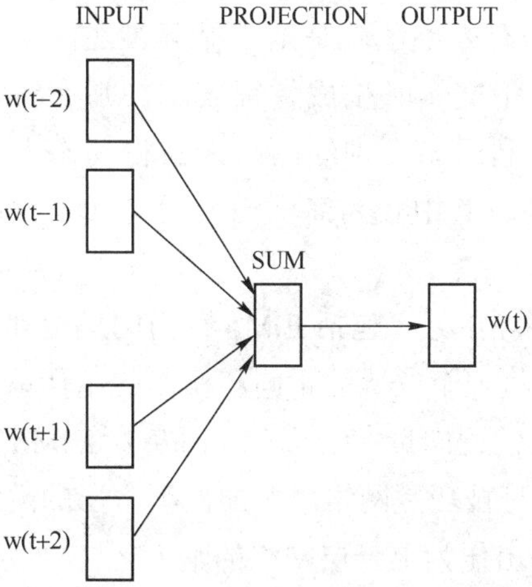

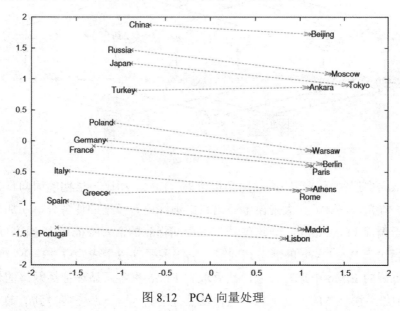

图 8.10　CBOW 示意图 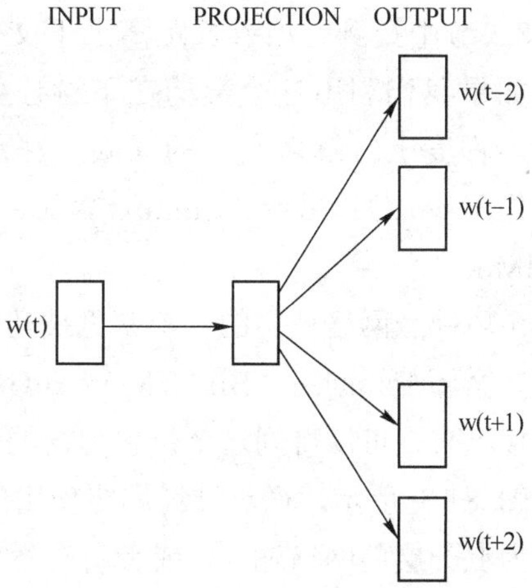　　　　　图 8.11　Skip-gram 示意图

这种预训练技术被证明是有效的：一方面，使用 Word2Vec 作为其他语言任务的词嵌入初始化成了一项通用的技巧；另一方面，Word2Vec 词向量的可视化结果表明，它确实学习到了某种层次的语义，如图 8.12 中所示的国家-首都关系。

图 8.12　PCA 向量处理

8.6.2　加入上下文信息的特征表示

上一小节中的特征表示有两个明显不足：一是它局限于某个词的有限大小窗口中的上下文，这限制了它捕捉长距离依赖关系的能力；二是它的每一个词向量都是在预训练之后就被冻结了的，而不会根据使用时的上下文改变，而自然语言一个非常常见的特征就是多义词。

8.3 节中提到，加入长距离上下文信息的一个有效办法就是基于循环神经网络的架构；如果我们利用这个架构在下游任务中根据上下文实时生成特征表示，那么就可以在相当程度上缓解多义词的局限。在这种思想下利用循环神经网络来获得动态上下文的工作不少，如 CoVe、Context2Vec、ULMFiT 等。其中较为简洁而又具有代表性的就是 ElMo。

循环神经网络使用的一个常见技巧就是双向循环单元，包括 ElMo 在内的模型都采取了双向循环神经网络（BiLSTM 或 BiGRU），通过将一个位置的正向和反向的循环单元状态拼接起来，可以得到这个位置的词的带有上下文的词向量（Context-aware）。ElMo 的结构如图 8.13 所示，循环神经网络使用的另一个常见技巧是网络层叠加，下一层的网络输出作为上一层的网络输入，或者所有下层网络的输出作为上一层网络的输入，这样做可以使重要的下层特征易于传到上层。

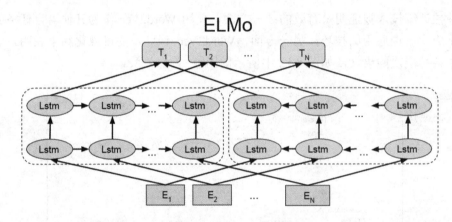

图 8.13　ElMo 示意图

除了把双向多层循环神经网络利用到极致外，ElMo 相比于早期的词向量方法还有其他关键改进：首先，它除了在大规模单语语料上训练语言模型的任务外，还加入了其他的训练任务用于调优（Fine-tuning）。这使预训练中捕捉到的语言特征更为全面，层次更为丰富；其次，相比于 Word2Vec 的静态词向量，它采取了动态生成的办法。下游任务的序列先拿到预训练好的 ElMo 中运行一遍，然后取到 ElMo 里各层循环神经网络的状态拼接在一起，最后喂给下游任务的网络架构。这样虽然开销大，但下游任务得到的输入就是带有丰富的动态上下文的词特征表示，而不再是静态的词向量。

8.6.3　网络预训练

前面所介绍的预训练技术的主要思想是特征抽取（Feature Extraction），通过使用更为合理和强大的特征抽取器，尽可能使抽取的每一个词特征变深（多层次的信息）、变宽（长距离依赖信息），然后将这些特征作为下游任务的输入。

那么是否可以像计算机视觉中的 Backbone 那样，不仅仅局限于抽取特征，还将抽取特征的 Backbone 网络层整体应用于下游任务呢？答案是肯定的。8.5 节介绍的 Transformer 网络架构的诞生，使得各种不同任务都可以非常灵活地被一个通用的架构建模，我们可以把所有自然语言处理任务的输入都看成序列。如图 8.14 所示，只要在序列的特定位置加入特殊符号，由于 Transformer 具有等长序列到序列的特点，并且经过多层叠加之后，序列中各位置信息可以充分交换和推理，特殊符号处的顶层输出可以被看作包含整个序列（或多个序列）的特征，用于各项任务。例如，句子分类就只需要在句首加入一个特殊符号 cls，经过多层 Transformer 叠加之后，句子的分类信息收集到句首 cls 对应的特征向量中，这个特征向量就可以通过仿射变换，然后正则化得到分类概率（多句分类、序列标注也是类似的方法）。

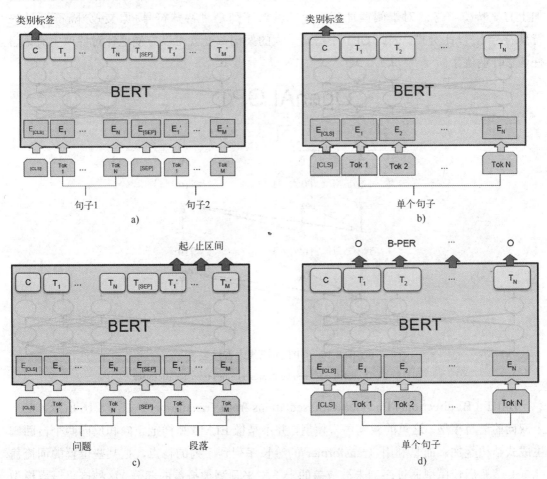

图 8.14 Transformer 通过在序列中加入特殊符号将所有自然语言任务的输入用序列表示

a) 句子偶对分类任务:MNLI, QQP,QNLI, STS-B,MRPC,RTE,SWAG
b) 单个句子分类任务: SST-2, CoLA c) 问答任务: SQuAD v1.1
d) 单个句子标注任务:CoNLL-2003 NER

（图片来源：Bi-directional Encoder Representations from Transformer）

Transformer 灵活的结构使它除了顶层的激活层网络外,下层所有网络可以被多种不同的下游任务共用。举一个也许不大恰当的例子,它就像图像任务中的 ResNet 等 backbone 一样,作为语言任务的 backbone,在大规模高质量的语料上训练好后,或通过 Fine-tune、或通过 Adapter 方法,直接被下游任务所使用。这种网络预训练的方法,被最近非常受欢迎的 GPT 和 BERT 所采用。

GPT(Generative Pretrained Transformer)如图 8.15 所示,其本质是生成式语言模型(Generative Language Model)。由于生成式语言模型的自回归特点(Auto-regressive),它是我们非常熟悉的、传统的单向语言模型——"预测下一个词"。GPT 在语言模型任务上训练好之后,就可以针对下游任务进行调优(Fine-tune)。由于前面提到 Transformer 架构灵活,GPT 几乎可以适应任意的下游任务。对于句子分类来说,输入序列是原句加上首尾特殊符号;对于阅读理解来说,输入序列是"特殊符号+原文+分隔符+问题+特殊符号",以此类推。因此 GPT 不需要太大的架构改变就可以方便地针对各项主流语言任务进行调优了。

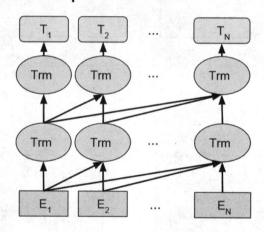

图 8.15　GPT 生成式语言模型

(图片来源:Bi-directional Encoder Representations from Transformer)

BERT(Bi-directional Encoder Representations from Transformer)如图 8.16 所示,是一个双向的语言模型。这里的双向语言模型,并不是像 ELMo 那样把正向和反向两个自回归生成式结构叠加,而是利用 Transformer 的等长序列到序列的特点,把某些位置的词掩盖(Mask),然后让模型通过序列未被掩盖的上下文来预测被掩盖的部分。这种掩码语言模型(Masked Language Model)的思想非常巧妙,突破了从 n-gram 语言模型到 RNN 语言模型,再到 GPT 的自回归生成式模型的思维,同时又在某种程度上与 Word2Vec 中的 CBOW 的思想不谋而合。

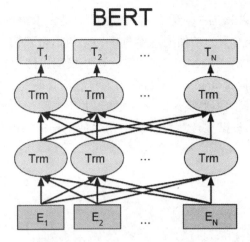

图 8.16　BERT 双向语言模型

（图片来源：Bi-directional Encoder Representations from Transformer）

因此掩码语言模型非常适合作为 BERT 的预训练任务。这种利用大规模单语语料节省人工标注成本的预训练任务还有一种："下一个句子预测"。读者应当非常熟悉，之前所有的经典语言模型都可以看作是"下一个词预测"，而"下一个句子预测"就是在模型的长距离依赖关系捕捉能力和算力都大大增强的情况下，很自然地发展出来的方法。

BERT 预训练完成后，应用于下游任务的方式与 GPT 类似，也是通过加入特殊符号来针对不同类别的任务构造输入序列。

以 Transformer 为基础架构，尤其是采取 BERT 类似预训练方法的各种模型变体，在学术界和工业界成为最前沿的模型，不少相关的研究都围绕着基于 BERT 及其变种的表示学习与预训练展开。例如，共享的网络层参数应该是预训练完成就予以固定（Freeze）然后用 Adapter 方法在固定参数的网络层基础上增加针对各项任务的结构，还是应该让共享网络层参数也可以根据各项任务调节（Fine-tune），如果是后一种方法，哪些网络层应该解冻（Defreeze）调优？解冻的顺序应该是怎样的？这样的预训练技术变种都是当前大热的研究课题。

本章在介绍各种神经网络架构时，都是以提出这种架构的论文为主展开。这几篇论文都是关于语言建模和机器翻译的工作，然而这些网络架构的应用却远不止于此。2018 年自然语言处理领域最新的研究动向是使用预训练的语言模型对不同的任务进行精调，而这些语言模型的主体网络架构都是以上提到的几种——ElMo 和 ULMFiT 基于循环神经网络，BERT 和 GPT 基于 Transformer。读者应深入理解各种基本网络架构，而不拘泥于单项任务的模型变种。

8.7　本章小结

本章介绍了深度学习在自然语言处理中的应用。在神经网络问世以前，自然语言处理已经被许多研究者关注，并提出了一系列传统模型。但是由于语言本身的多样性和复杂性，这些模型的效果并不如人意。为了使用深度神经网络对语言建模，研究者提出了循环神经网络以及一系列改进，包括 LSTM、GRU 等。这些模型虽然达到了较高的精度，但是也遇到了训练上的许多问题。Transformer 的提出为自然语言研究者们提供了一种新的思路。本章最后介绍了表示学习和预训练技术，这些知识并不局限于自然语言处理，而是深度学习的通用技巧，读者可以尝试在计算机视觉应用中使用预训练模型加速训练。

第9章 使用 TensorFlow 进行基于 YOLO V3 的安全帽佩戴检测

本章我们将提供一个利用深度学习检测是否佩戴安全帽的案例，从而展示计算机视觉目标识别问题的一般流程。目标检测是基于图片分类的计算机视觉任务，既包含了分类，又包含了定位。给出一张图片，目标检测系统要能够识别出图片的目标并给出其位置。由于图片中目标数是不定的，且要给出目标的精确位置，目标检测相比分类任务更复杂，所以也有更多的使用场景，如无人驾驶、智慧安防、工业安全、医学图像等方面。虽然本案例是工业安全领域的一个小的应用，但其可以很容易地移植到其他的目标检测任务中。

扫码观看本实例
视频

9.1 数据准备

在一个项目开始时，首先需要明确最终的目标，然后对目标分解，并根据不同目标执行不同的实现方案。本案例较为容易分解出实现目标和实现方式，即通过深度学习中常用的目标检测方法对收集到的图片进行学习，从而得到可以用于结果推断的模型参数。基于这样的目标和方法，首先需要进行数据收集、处理，然后选择合适的模型以及实现模型的框架。

9.1.1 数据采集与标注

数据采集和标注是很重要但又繁杂的基础工作，它是整个工程特别重要的一个环节。本案例中的数据主要是图片，而图片的选择和标注的质量往往决定着模型的精度，有时候质量太差的数据会导致模型无法收敛。

一般情况下，我们采集图片可以借助于搜索引擎、在实际的业务场景拍摄和借助已有的数据集 3 种方式。这些方式各有特点，很多时候需要结合进行。具体为：借助搜索引擎采集的图片在尺寸、内容上会更加丰富，这也意味着会对模型的泛化能力要求更高，但是采集相对简单，可通过写爬虫的方式进行；来自实际业务场景的图片或者视频则需要消耗人力物力去拍摄，而且为了适应不同的时间和地点，拍摄前的规划也是很重要的。这种采集后的图片往往质量较高，规格较为统一，对后续的标注和训练也有很大的帮助；最常用的一种方法是借助已有的数据集，尤其是进行一些小的测试或者试验时。已有的数据集也有不同的类型，包括一些大的计算机视觉比赛发布的数据集（如 PASCAL VOC、COCO 数据集），一些人工智能公司发布的数据集（如旷世联合北京智源发布的 Objects365 数据集），个人采集标记的数据集等。不同类型的质量和数量不等。当然，我们优先选择质量较高的数据集，而且实际应用时有可能只抽取其中一部分，或者进行二次加工。

通过爬虫获取的图片，由于图片质量、尺寸、是否包含检测目标等原因，一般不能直接使用，所以需要对图片进行过滤处理。当然，可以通过人工筛选的方式，但是如果数量过大，则会太耗时耗力，所以可用一些自动化脚本来进行处理。例如，利用已经训练成熟的分类模型对图片进行相似度判断，从而除去相似的图片；利用已经训练成熟的人体检测模型去除不包含人的图片等。

 小技巧

在使用爬虫获取图片时一方面可以通过多线程的方式加快爬取速度，另一方面可在设置搜索关键词时多设置一些类似"建筑工地""建筑工人"等的关键词，以扩大搜索范围。而在对图片进行标注时可以先标注一部分，根据这一小部分图片训练出一个粗糙模型，然后使用这个粗糙模型对剩下未标注的图片进行自动标注，再进行人工调整，以节省较多时间。

本案例使用的是在 Github 上开源的安全帽检测数据集（https://github.com/njvisionpower/Safety-Helmet-Wearing-Dataset）。该数据集共 7581 张图片，包含 9044 个佩戴安全帽的标注（正类），以及 111514 个未佩戴安全帽的标注（负类）。正类图片主要通过搜索引擎获取，负类图片一部分来自于 SCUT-HEAD 数据集。所有的图像用 LabelImg 工具标注出目标区域及类别，包含两个类别标签：hat 表示佩戴安全帽，person 表示普通未佩戴安全帽的行人头部。

该数据集采用的是类 PASCAL VOC 数据集的结构。PASCAL VOC 数据集来自于 PASCAL VOC 挑战赛。PASCAL 的英文全称为 Pattern Analysis, Statical Modeling and Computational Learning。PASCAL VOC 从 2005 年开始举办挑战赛，每年的内容有所不同，从最开始的分类，到后面逐渐增加检测、分割、人体布局、动作识别等内容，数据集的容量以及种类也在不断地增加和改善。目前普遍被使用的是 VOC2007 和 VOC2012 两种数据集，虽然是同一类数据集，但是数据并不相容，一般会将两组数据集结合使用。PASCAL VOC 数据集的基本结构如下。

```
DataSet
├ Annotations 进行 detection 任务时的标签文件，xml 形式，文件名与图片名一一对应
├ ImageSets 数据集的分割文件
  ├ Main 分类和检测的数据集分割文件
    ├ train.txt 用于训练的图片名称
    ├ val.txt 用于验证的图片名称
    ├ trainval.txt 用于训练与验证的图片的名称
    ├ test.txt 用于测试的图片名称
```

```
├ Layout 用于 person layout 任务，本案例不涉及
├ Segmentation 用于分割任务，本案例不涉及
├ JPEGImages 存放 .jpg 格式的图片文件
├ SegmentationClass 存放按照 class 分割的图片
└ SegmentationObject 存放按照 object 分割的图片
```

由以上结构可以看出，该数据集使用的是文件名作为索引，使用不同的 txt 文件对图片进行分组，而每张图片的尺寸、目标标注等属性都会保存在 xml 文件中。xml 文件的格式如图 9.1 所示。对于目标检测任务来说，需要关注的属性就是 filename（图片名称）、size（图片尺寸）、object 标签下的 name（目标类别）和 bnbox（目标的边界框）。

```xml
<annotation>
    <folder>hat01</folder>
    <filename>000000.jpg</filename>
    <path>D:\dataset\hat01\000000.jpg</path>
    <source>
        <database>Unknown</database>
    </source>
    <size>
        <width>947</width>
        <height>1421</height>
        <depth>3</depth>
    </size>
    <segmented>0</segmented>
    <object>
        <name>hat</name>
        <pose>Unspecified</pose>
        <truncated>0</truncated>
        <difficult>0</difficult>
        <bndbox>
            <xmin>60</xmin>
            <ymin>66</ymin>
            <xmax>910</xmax>
            <ymax>1108</ymax>
        </bndbox>
    </object>
</annotation>
```

图 9.1　POSCAL VOC 数据集 xml 文件数据格式示例

9.1.2　模型和框架选择

在实际应用中，目标检测模型可以分为两种。一种是 two-stage 类型，即把物体识别和物体定位分为两个步骤，然后分别完成。这一种的典型代表是 R-CNN 系列，包括 R-CNN、fast R-CNN、faster-RCNN 等。这一类模型的识别错误率较低，漏识别率也较低，但相对速度较慢，无法满足实时检测场景。为了适应实时检测场景，出现了另一类目标检测模型，即 one-stage 模型。该类型模型的典型代表包含 SSD 系列、Yolo 系列、EfficientNet 系列等。这类模型识别速度很快，可以达到实时性要求，而且准确率也基本能达到 faster R-CNN 的水平。尤其是 Yolo 系列模型，可以一次性预测多个 Box 位置和类别的卷积神经

网络，能够实现端到端的目标检测和识别，同时又有基于其的各种变型，适用于各种场景，所以本案例选用 Yolo V3 模型作为实现模型。但是需要注意的是，在实际项目中要根据业务场景进行选择，如是否要求实时性、是否要在终端设备上等。而且为了得到更好的效果，往往会对多个模型进行尝试，然后进行对比。

模型选定之后，需要确定实现模型的框架。常见的深度学习框架有 TensorFlow、PyTorch、PaddlePaddle、Caffe 等，而不同的框架也有不同的特点，如 TensorFlow 功能更加完善，可用于不同的场景；PyTorch 入门门槛较低、便于调试等。本案例选用 TensorFlow 2.0 作为模型实现的框架。

TensorFlow 是谷歌开源的一款深度学习框架，首次发布于 2015 年，TensorFlow 2.0.0 正式稳定版发布于 2019 年 10 月 1 日，TensorFlow 现已被很多企业与创业公司广泛用于自动化工作任务和开发新系统，其在分布式训练支持、可扩展的生产和部署选项、多设备支持（如安卓）方面备受好评。而且 TensorFlow 2.0 采用了较为简易的新框架，并且将 Keras 收购为子模块，大大加强了集成度，减少了使用难度。相对于 PyTorch 框架，TensorFlow 的生态已经相当成熟和完整，如今又修改整合了 API 以及调整为动态图机制，不论是开发者还是科研人员，TensorFlow 2.0 都是不错的选择。

 提示

选择框架也可以考虑该框架是否有我们所选择的模型的稳定实现，因为这样可以省去很多开发调试时间。借助已有的开源实现来扩展开发自己的应用，这也是开源世界很普遍的做法。同时，如果能在借用的同时贡献自己的一份力量，也是自己水平提高的一种体现。

TensorFlow 有一套实现目标检测的 API，即 TensorFlow Object Detection API。该框架开源在 Github 上，用于更加方便地构建、训练和部署目标检测模型，而且也用在谷歌的计算机视觉相关中。该框架已经实现了一些常用的模型，如 Faster RCNN、SSD 等，并对不同的模型有较为详细的性能测试记录，方便我们选择。但是比较遗憾的是当前 TensorFlow Object Detection API 版本并没有完全支持 TensorFlow 2.0，而且没有 YOLO 系列的模型实现，所以本方案的实现没有采用该框架（然而训练的部分还是参考了其方式），利用 TFRecord 作为数据输入的格式，以加快数据读取的速度。而我们之前准备的数据是 PASCAL VOC 格式的数据，所以在进行训练前需要进行格式转换，转换的方式我们会在下一小节进行说明。

9.1.3 数据格式转换

有时数据集的格式与模型读取所需要的格式并不相同，所以可以通过脚本进行格式转换。类似 PASCAL VOC 这种类型的数据集，会以目录区分训练数据集、测试数据集等，这种形式不但读取复杂、慢，而且占用磁盘空间。而 TFRecord 是 Google 官方推荐的一种二进制数据格式，是 Google 专门为 TensorFlow 设计的一种数据格式，内部是一系列实现了 Protocol buffers 数据标准的 Example。这样，我们可以把数据集存储为一个二进制文件，可以不用目录进行区分。同时，这些数据只会占据一块内存，不需要单独依次加载文件，从而获得更高的效率。所以，我们需要将 PASCAL VOC 格式的数据转换为 TFRecord 类型的数据。相对应的转换代码和注释如例 9.1 所示。

【例 9.1】 voc2012.py，VOC 数据集转换为 TFRecord 格式。

```python
import os
import os
import hashlib

from absl import app, flags, logging
from absl.flags import FLAGS
import TensorFlow as tf
import lxml.etree
import tqdm
from PIL import Image

# 设置命令行读取的参数
flags.DEFINE_string('data_dir', '../data/helmet_VOC2028/',
                'path to raw PASCAL VOC dataset')
flags.DEFINE_enum('split', 'train', [
                'train', 'val'], 'specify train or val spit')
flags.DEFINE_string('output_file', '../data/helmet_VOC2028_train-h.tfrecord',
'outpot dataset')
flags.DEFINE_string('classes', '../data/helmet_VOC2028.names', 'classes file')

# 创建 TFRecords 所需要的结构
def build_example(annotation, class_map):
    # 根据 xml 文件名找到对应的 jpg 格式的图片名
    filename = annotation['xml_filename'].replace('.xml','.jpg',1)
    img_path = os.path.join(
        FLAGS.data_dir, 'JPEGImages', filename)

    # 读取图片，可以通过设置大小过滤掉一些比较小的图片
    image = Image.open(img_path)
    if image.size[0] < 416 and image.size[1] < 416:
        print("Image ",filename, " size is less than standard:", image.size )
        return None

    img_raw = open(img_path, 'rb').read()
    key = hashlib.sha256(img_raw).hexdigest()
    width = int(annotation['size']['width'])
```

```
height = int(annotation['size']['height'])
xmin = []
ymin = []
xmax = []
ymax = []
classes = []
classes_text = []
truncated = []
views = []
difficult_obj = []
# 解析图片中的目标信息
if 'object' in annotation:
    for obj in annotation['object']:
        difficult = bool(int(obj['difficult']))
        difficult_obj.append(int(difficult))

        xmin.append(float(obj['bndbox']['xmin']) / width)
        ymin.append(float(obj['bndbox']['ymin']) / height)
        xmax.append(float(obj['bndbox']['xmax']) / width)
        ymax.append(float(obj['bndbox']['ymax']) / height)
        classes_text.append(obj['name'].encode('utf8'))
        classes.append(class_map[obj['name']])
        truncated.append(int(obj['truncated']))
        views.append(obj['pose'].encode('utf8'))


    # 组装 TFRecords 格式
    example = tf.train.Example(features=tf.train.Features(feature={
        'image/height':
tf.train.Feature(int64_list=tf.train.Int64List(value=[height])),
        'image/width':
tf.train.Feature(int64_list=tf.train.Int64List(value=[width])),
        'image/filename':
tf.train.Feature(bytes_list=tf.train.BytesList(value=[
            annotation['filename'].encode('utf8')])),
        'image/source_id':
tf.train.Feature(bytes_list=tf.train.BytesList(value=[
            annotation['filename'].encode('utf8')])),
            # 此处内容有省略
        … …
    }))
    return example


# 解析 xml 文件
```

```
def parse_xml(xml):
    if not len(xml):
        return {xml.tag: xml.text}
    result = {}
    for child in xml:
        child_result = parse_xml(child)
        if child.tag != 'object':
            result[child.tag] = child_result[child.tag]
        else:
            if child.tag not in result:
                result[child.tag] = []
            result[child.tag].append(child_result[child.tag])
    return {xml.tag: result}


def main(_argv):
    # 导入目标分类
    class_map = {name: idx for idx, name in enumerate(
        open(FLAGS.classes).read().splitlines())}
    logging.info("Class mapping loaded: %s", class_map)

    # 生成写 TFRecords 到文件中的对象
    writer = tf.io.TFRecordWriter(FLAGS.output_file)

    # 读取文件列表
    image_list = open(os.path.join(
        FLAGS.data_dir, 'ImageSets', 'Main', '%s.txt' % FLAGS.split)).read().
splitlines()
    logging.info("Image list loaded: %d", len(image_list))

    # 循环读取文件、解析并写入 TFRecords 文件中，tqdm.tqdm 用于记录和显示进度
    for image in tqdm.tqdm(image_list):
        annotation_xml = os.path.join(
            FLAGS.data_dir, 'Annotations', image + '.xml')
        # 解析 xml 结构
        annotation_xml = lxml.etree.fromstring(open(annotation_xml, encoding=
'utf-8').read())
        annotation = parse_xml(annotation_xml)['annotation']
        annotation['xml_filename'] = image + '.xml'
        tf_example = build_example(annotation, class_map)
        if tf_example is None:
```

```
        print("Failed to bulid example,", annotation['xml_filename'])
        continue
    writer.write(tf_example.SerializeToString())
  writer.close()

if __name__ == '__main__':
  app.run(main)
```

　　处理逻辑相对简单：读取 xml 文件列表，然后解析 xml 中的信息，并根据 xml 文件的名字找到、读取图片文件，最后将这些信息转换 TFRecord 格式，并写入文件。在代码中调用了几个常用的工具类库，如 absl（Google 发布的一个可以用来快速构建 Python 应用的公共类库，其中包含了 flags、logging 等常用功能）、tqdm（是一个快速、可扩展的 Python 进度条，可在 Python 长循环中添加一个进度提示信息）、PIL（Python 常用的图像处理库，提供了广泛的文件格式支持，强大的图像处理能力，主要包括图像储存、图像显示、格式转换以及基本的图像处理操作等）。

　　另外，在完成转换后，还要检查转换是否成功。方法就是利用 TensorFlow 的 Dataset 类提供的方法加载 TFRecord 格式文件，然后从中抽选 1 个或多个图片及对应的信息，将目标检测框加入图片中，然后查看输出的图片是否正常。逻辑较为简单，代码请参看 visualize_dataset.py 文件。

 提示

　　TensorFlow 以及其他工具的安装不在本节进行详细说明，案例所使用的代码可以在 Windows 10 平台或者 Ubuntu 18.04 平台运行。TensorFlow GPU 版本的安装配置可能会复杂一些，建议使用 Anaconda 进行安装，同时建议使用 conda 创建项目的虚拟环境。

9.2　模型构建、训练和测试

　　准备好环境和数据后，需要根据 YOLO V3 模型的结构对其进行模型构建，然后导入预训练的参数，使用之前准备好的模型进行迁移学习，最后进行测试。而在模型构建之前，我们先了解掌握下 YOLO 系列模型的特点以及其不断进化的方面。

9.2.1　YOLO 系列模型

　　目标检测任务包含着目标定位和分类，分类任务可以对提取后的特征使用分类模型来完成，而定位最简单的思路是设置不同大小的检测框，然后采用滑动窗口的方式对图片进行从上到下、从左到右的扫描。这样的定位方法虽然很直观，但工作量很大且效率很低。这是传统目标检测方法的做法，而神经网络和深度学习的出现给目标检测带来了新的思路。首先，特征提取不依赖场景的人工提取，而是使用神经网络来完成，使模型的准确率更高、泛化能力更强。定位则出现了更多的方法，如 R-CNN 中所使用的 Region Proposal，选择数量较少的候选框，大大减少了定位的工作量。虽然这些方法相对于传统方法有了很大的飞跃，但在定位和分类相分离的方式还是无法满足实时性的要求。为了解决这个问题，YOLO 模型应运而生了。

YOLO 模型来自于 Joseph Redmon 在 2015 年发表的论文 *You Only Look Once: Unified, Real-Time Object Detection*。该模型将物体检测作为回归问题，基于一个单独的 end-to-end 网络，完成从原始图像的输入到物体位置和类别的输出，大大提高了目标检测的效率。其对目标进行检测的流程如图 9.2 所示。

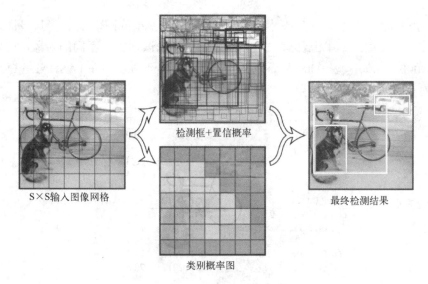

图 9.2 YOLO 模型目标检测流程

从图 9.2 中可以看到，YOLO 模型会将图片分成 S×S 个小网格，如果某个物体的中心落在某个小网格中，该网格就会负责预测这个物体。每个网格预测 B 个边界框以及对应的置信值，然后选择一个置信值较高的一个。在训练时，模型会将边界框、置信值输出为一个多维向量，然后与提前标记的真值做对比，实现回归。该方法相当于提前预置了一些固定的候选位置，然后从这些候选位置中找到相应的目标，一步到位，所以速度很快，而且训练也很方便。

如图 9.3 所示为使用 PASCAL VOC 2007 数据集 YOLO 相对于 R-CNN 带来的速度的提升。可以看到，在准确率没有差很多的情况下，YOLO 模型的速度有很大的提升，尤其是 Fast YOLO 模型，处理速度可以达到 155 帧每秒。当然 YOLO 的缺点也不可忽视，除了准确率会下降外，每个小网格只负责一个目标，所以一张图片最多检测出 S×S 个目标，而且如果一个网格中有两个物体的中心则只能检测一个，所以模型不适合小而多的目标检测。而 YOLO 模型也在根据实际的需要，进行不断的改进。

Real-Time Detectors	Train	mAP	FPS
100Hz DPM [31]	2007	16.0	100
30Hz DPM [31]	2007	26.1	30
Fast YOLO	2007+2012	52.7	**155**
YOLO	2007+2012	**63.4**	45
Less Than Real-Time			
Fastest DPM [38]	2007	30.4	15
R-CNN Minus R [20]	2007	53.5	6
Fast R-CNN [14]	2007+2012	70.0	0.5
Faster R-CNN VGG-16[28]	2007+2012	73.2	7
Faster R-CNN ZF [28]	2007+2012	62.1	18
YOLO VGG-16	2007+2012	66.4	21

图 9.3 YOLO 模型与 R-CNN 系列模型性能对比

YOLO V2 版本相对于 V1 版本，利用批归一化、Anchor Boxes、多尺度图像训练等方法，在处理速度和准确率上都有一些提升，而且可以识别更多不同的对象，所以又称之为 YOLO9000。9000 代表 9000 种不同的类型。如图 9.4 所示的在 PASCAL VOC 2007 数据集上的对比。

Detection Frameworks	Train	mAP	FPS
Fast R-CNN [5]	2007+2012	70.0	0.5
Faster R-CNN VGG-16[15]	2007+2012	73.2	7
Faster R-CNN ResNet[6]	2007+2012	76.4	5
YOLO [14]	2007+2012	63.4	45
SSD300 [11]	2007+2012	74.3	46
SSD500 [11]	2007+2012	76.8	19
YOLOv2 288×288	2007+2012	69.0	91
YOLOv2 352×352	2007+2012	73.7	81
YOLOv2 416×416	2007+2012	76.8	67
YOLOv2 480×480	2007+2012	77.8	59
YOLOv2 544×544	2007+2012	**78.6**	40

图 9.4 YOLO V2 模型在准确率和速度上的对比

可以看到，YOLO V2 比 YOLO V1 更为灵活，支持多种尺寸的输入，而且在准确率领先 Faster R-CNN 的情况下，速度也大幅度领先。而接下来 2018 年发布的 V3 版本借鉴了残差网络结构，形成更深的网络层次，以及多尺度检测，提升了预测的准确率以及小物体检测效果。

当然，研究者们对 YOLO 模型的探索和扩展也在继续，基于 YOLO 模型的变型也在不断涌现，如 xYOLO、YOLO nano 等使用更小的模型，更适合在边缘计算中使用。而在实现上，除了官方提供的 Darknet 版本外，Github 上也有很多基于 TensorFlow、PyTorch 等框架的开源版本，而且一些已经较为稳定。为了缩短开发周期以及更好地利用开源社区资源，本案例也是选用了 Github 上提供的开源实现。具体模型结构相关实现在 yolov3_tf2 目录下，这里不再进行详细介绍。

 提示

mAP 是多目标检测中的一个重要性能指标，全称为 mean Average Precision，即各类别

AP 的平均值，AP 是 Precision-Recall 曲线下的面积。当然关于性能，并不是只能靠 mAP，甚至在一些特殊的场景下，如更注重召回率的应用，mAP 是不适用的。

9.2.2　模型训练

准备好数据集和模型后，接下来就要进行迁移学习，也就是利用已经训练好的模型和现有的数据进一步学习。我们可以用 YOLO 官方发布的已经使用 Darknet 训练好的模型参数进行迁移学习，完成的代码如例 9.2 所示。

【例 9.2】　train.py，YOLO V3 模型创建于训练程序。

```
……
# 以上包导入的部分已省略，下面是命令行的参数
flags.DEFINE_string('dataset', './data/train.tfrecord', '训练数据集路径')
flags.DEFINE_string('val_dataset', './data/val.tfrecord', '验证数据集路径')
flags.DEFINE_boolean('tiny', False, '是否使用 Tiny 模型，参数相对更少')
flags.DEFINE_string('weights', './checkpoints/yolov3.tf', '权重文件路径')
flags.DEFINE_string('classes', './data/helmet.names', '分类文件路径')
flags.DEFINE_enum('mode', 'eager_tf', ['fit', 'eager_fit', 'eager_tf'],
        'fit: 使用 model.fit 训练, eager_fit: 使用 model.fit(run_eagerly=True) 训练, '
        'eager_tf: 自定义 GradientTape')
flags.DEFINE_enum('transfer', 'fine_tune',
        ['none', 'darknet', 'no_output', 'frozen', 'fine_tune'],
                'none: 使用随机权重训练, 不推荐, '
                'darknet: 使用 darknet 训练后的权重进行迁移学习, '
                'no_output: 除了输出外都进行迁移学习, '
                'frozen: 冻结所有然后进行迁移学习, '
                'fine_tune: 只冻结 darnet 的部分进行迁移学习')
flags.DEFINE_integer('size', 416, '图片大小')
flags.DEFINE_integer('epochs', 100, '训练的轮数')
flags.DEFINE_integer('batch_size', 8, '批次大小')
flags.DEFINE_float('learning_rate', 1e-3, '学习率')
flags.DEFINE_integer('num_classes', 2, '分类数')
flags.DEFINE_integer('weights_num_classes', 80, '权重文件中的分类数')

def main(_argv):
    if FLAGS.tiny:
        # 此处省略 tiny 版本的处理流程
    else:
        # 创建 YOLO 模型
        model = YoloV3(FLAGS.size, training=True, classes=FLAGS.num_classes)
        anchors = yolo_anchors
        anchor_masks = yolo_anchor_masks
```

```python
# 导入准备好的数据，并进行预处理
train_dataset = dataset.load_fake_dataset()
if FLAGS.dataset:
    train_dataset = dataset.load_tfrecord_dataset(
        FLAGS.dataset, FLAGS.classes, FLAGS.size)
train_dataset = train_dataset.shuffle(buffer_size=512)
train_dataset = train_dataset.batch(FLAGS.batch_size)
train_dataset = train_dataset.map(lambda x, y: (
    dataset.transform_images(x, FLAGS.size),
    dataset.transform_targets(y, anchors, anchor_masks, FLAGS.size)))
train_dataset = train_dataset.prefetch(
    buffer_size=tf.data.experimental.AUTOTUNE)

# 此处省略验证数据集 val_dataset 的读取，与训练数据集类似
# 配置模型，用于迁移学习
if FLAGS.transfer == 'none':
    pass
elif FLAGS.transfer in ['darknet', 'no_output']:
    if FLAGS.tiny:
        # 此处省略 tiny 模型的处理
    else:
        model_pretrained = YoloV3(
            FLAGS.size, training=True, classes=FLAGS.weights_num_classes or
FLAGS.num_classes)
        model_pretrained.load_weights(FLAGS.weights)

        if FLAGS.transfer == 'darknet':
            model.get_layer('yolo_darknet').set_weights(
                model_pretrained.get_layer('yolo_darknet').get_weights())
            freeze_all(model.get_layer('yolo_darknet'))

        elif FLAGS.transfer == 'no_output':
            #此处省略不对输出进行迁移学习的部分

    else:
        # 此处省略其他的处理方式，但需要注意其他的处理方式中类型数需要一致

# 设置优化器和损失函数，其中 YoloLoss 是自定义的类
optimizer = tf.keras.optimizers.Adam(lr=FLAGS.learning_rate)
loss = [YoloLoss(anchors[mask], classes=FLAGS.num_classes)
        for mask in anchor_masks]

if FLAGS.mode == 'eager_tf':
```

```
    # 此处省略 Eager 模式，该模式方便调试
else:
    model.compile(optimizer=optimizer, loss=loss,
                run_eagerly=(FLAGS.mode == 'eager_fit'))

    callbacks = [
        ReduceLROnPlateau(verbose=1),
        EarlyStopping(patience=50, verbose=1),
        ModelCheckpoint('checkpoints/yolov3_helmet_{epoch}.tf',
                    verbose=1, save_weights_only=True),
        TensorBoard(log_dir='logs')
    ]

    model.fit(train_dataset,
                    epochs=FLAGS.epochs,
                    callbacks=callbacks,
                    validation_data=val_dataset)
```

　　Darknet 是 YOLO V3 发布时使用的网络模型，也是 YOLO 官方发布的一个较为轻型的完全基于 C 与 CUDA 的开源深度学习框架。我们也可以用这个框架来训练和预测，不过为了其有更好的扩展性，使用 TensorFlow 来实现。而我们要用来做迁移学习预训练的参数正是用 Darknet 框架训练好的，所以导出的参数格式并不能直接导入 TensorFlow 中，需要进行格式转换。我们可以使用 convert.py 工具来实现转换工作，转换时可以指定输出的目录（一般放在 checkpoint 目录下）。

　　与图片数据处理部分一样，训练的代码中也用到了 absl 工具库和 flags，所以可以使用命令行的方式执行训练，当然也可以对训练的参数设置默认值。

提示

　　本节所展示的文件 train.py 中的代码省略了一些本案例用不到的部分，如 YOLOV3-Tiny 的训练、Eager 模式的训练等。它们也是扩展学习的重要部分，请读者自行尝试。

9.2.3　测试与结果

　　训练结束后用训练的模型进行预测，即需要使用训练时的模型结构，然后导入训练好的参数，输出预测的 Top 10 的类别和对应的概率。导入和预测的工作相对简单，可以调用 Keras 的 load_weights() 和 predict() 函数来完成，不过要注意的是对输入的图片需要进行处理以满足函数的要求。完整的代码如例 9.3 所示。

　　【例 9.3】　predict.py，训练后的模型的测试程序。

······

```
# 以上包导入的部分已省略，下面是命令行的参数
flags.DEFINE_string('classes', './data/helmet_VOC2028.names', '目标类别文件')
flags.DEFINE_string('weights', './checkpoints/yolov3.tf','训练好的权重文件')
flags.DEFINE_boolean('tiny', False, '是否使用 Tiny 网络')
flags.DEFINE_integer('size', 416, '输入图片的尺寸')
flags.DEFINE_string('image', './data/001266.jpg', '要预测的图片的尺寸')
flags.DEFINE_string('tfrecord', None, 'tfrecord 类型的预测文件')
flags.DEFINE_string('output', './output.jpg', '结果输出的文件名')
flags.DEFINE_integer('num_classes', 2, '类别的个数')


def main(_argv):
    # 如果机器 GPU 现存不足，则可以配置为自动设置
    physical_devices = tf.config.experimental.list_physical_devices('GPU')
    if len(physical_devices) > 0:
        tf.config.experimental.set_memory_growth(physical_devices[0], True)

    if FLAGS.tiny:
        yolo = YoloV3Tiny(classes=FLAGS.num_classes)
    else:
        yolo = YoloV3(classes=FLAGS.num_classes)

    # 导入权重
    yolo.load_weights(FLAGS.weights).expect_partial()
    logging.info('weights loaded')
    class_names = [c.strip() for c in open(FLAGS.classes).readlines()]
    logging.info('classes loaded')

    # 根据文件类型读入图片
    if FLAGS.tfrecord:
        dataset = load_tfrecord_dataset(
            FLAGS.tfrecord, FLAGS.classes, FLAGS.size)
        dataset = dataset.shuffle(512)
        img_raw, _label = next(iter(dataset.take(1)))
    else:
        img_raw = tf.image.decode_image(
            open(FLAGS.image, 'rb').read(), channels=3)

    img = tf.expand_dims(img_raw, 0)
    img = transform_images(img, FLAGS.size)
```

```
    # 进行预测并输出所需要的时间
t1 = time.time()
boxes, scores, classes, nums = yolo(img)
t2 = time.time()
logging.info('time: {}'.format(t2 - t1))

logging.info('detections:')
for i in range(nums[0]):
    logging.info('\t{}, {}, {}'.format(class_names[int(classes[0][i])],
                                np.array(scores[0][i]),
                                np.array(boxes[0][i])))

img = cv2.cvtColor(img_raw.numpy(), cv2.COLOR_RGB2BGR)
img = draw_outputs(img, (boxes, scores, classes, nums), class_names)
cv2.imwrite(FLAGS.output, img)
logging.info('output saved to: {}'.format(FLAGS.output))
```

　　需要注意的是，weights 参数要设置为训练之后的输出权重文件。测试结果如图 9.5 所示。

图 9.5　测试结果示例

 试一试

　　除了测试一张图片，还可以测试一段视频，只需调用代码中的 detect_video.py 工具即可，同时还可以尝试使用 opencv 库连接摄像头进行实时预测。另外，本案例还可以扩展到检查是否戴口罩等应用场景。

9.3　本章小结

　　本章通过检测是否佩戴安全帽的案例介绍了目标检测类型应用的一般实现方法，并介绍了 YOLO 系列的目标检测模型。目标检测是基于图片分类的另一个计算机视觉基础任务。基于目标检测，我们可以做更多有趣的实现，如人脸识别、动作识别、OCR 等。但同时目标检测也在不断朝着更快、更准的方向发展，也有复杂场景、低质量检测等难题等待解决。当然，我们研究目标检测，或者说研究计算机视觉一定要守住科学研究的底线，不能刻意去侵犯别人的隐私，而应该多做一些有益于社会的事情。

第 10 章　使用 Keras 进行人脸关键点检测

人脸关键点是指用于标定人脸五官和轮廓位置的一系列特征点，是对人脸形状的稀疏表示。关键点的精确定位可以为后续应用提供十分丰富的信息，因此人脸关键点检测是人脸分析领域的基础技术之一。许多应用场景，如人脸识别、人脸三维重塑、表情分析等，均将人脸关键点检测作为前序步骤。本章将通过深度学习的方法来搭建一个人脸关键点检测模型。

扫码观看本实例
视频

10.1　深度学习模型

1995 年，Cootes 提出 ASM（Active Shape Model）用于人脸关键点检测，掀起了一波持续近 20 年的研究浪潮。这一阶段的检测算法常常被称为传统方法。2012 年 AlexNet 在 ILSVRC 中夺冠，将深度学习带进人们的视野。随后 Sun 等人在 2013 年提出了 DCNN 模型，首次将深度方法应用于人脸关键点检测。自此，深度卷积神经网络成为人脸关键点检测的主流工具。

TensorFlow 是由谷歌开源的机器学习框架，被广泛地应用于机器学习研究。Keras 是一个基于 TensorFlow 开发的高层神经网络 API，其目的是对 TensorFlow 等机器学习框架进一步封装，从而帮助用户高效地完成神经网络开发。在 TensorFlow 2.0 版本中，Keras 已经被收录为官方前端。本节主要使用 Keras 框架来搭建深度模型。

10.1.1　数据集获取

在开始搭建模型之前，需先下载训练所需的数据集。目前开源的人脸关键点数据集有很多，如 AFLW、300W、MTFL/MAFL 等，关键点个数从 5 个到上千个不等。本章中采用是 CVPR 2018 论文 *Look at Boundary: A Boundary-Aware Face Alignment Algorithm* 中提出的 WFLW（Wider Facial Landmarks in-the-wild）数据集（https://wywu.github.io/projects/LAB/WFLW.htm）。它包含了 10000 张人脸信息，其中 7500 张用于训练，剩余 2500 张用于测试。每张人脸图片被标注了 98 个关键点，关键点分布如图 10.1 所示。

图 10.1　人脸关键点分布

　　由于关键点检测在人脸分析任务中的基础性地位，工业界往往拥有标注了更多关键点的数据集。但由于其商业价值，这些信息一般不会被公开，因此目前开源的数据集还是以 5 点和 68 点为主。本章项目中使用的 98 点数据集不仅能够更加精确地训练模型，同时还可以更加全面地对模型表现进行评估。

　　然而另一方面，数据集中的图片并不能直接作为模型输入。对于模型来说，输入图片应该是等尺寸且仅包含一张人脸的。但数据集中的图片常常包含多个人脸，这就需要首先对数据集进行预处理，使之符合模型的输入要求。

1. 人脸裁剪与缩放

　　数据集中已经提供了每张人脸所处的矩形框，可以据此确定人脸在图像中的位置，如图 10.2 所示。但是直接按框选部分进行裁剪会导致两个问题：一是矩形框的尺寸不同，裁剪后的图片无法作为模型输入；二是矩形框只能保证将关键点包含在内，耳朵、头发等其他人脸特征被排除在外，不利于训练泛化能力强的模型。

图 10.2　人脸矩形框示意图

为了解决第一个问题，我们将矩形框放大为方形框，因为方形图片容易进行等比例缩放而不会导致图像变形。对于第二个问题，则单纯地将方形框的边长延长为原来的 1.5 倍，以包含更多的脸部信息。如下代码所示。

```python
def _crop(image: Image, rect: ('x_min', 'y_min', 'x_max', 'y_max'))\
        -> (Image, 'expanded rect'):
    """Crop the image w.r.t. box identified by rect."""
    x_min, y_min, x_max, y_max = rect
    x_center = (x_max + x_min) / 2
    y_center = (y_max + y_min) / 2
    side = max(x_center - x_min, y_center - y_min)
    side *= 1.5
    rect = (x_center - side, y_center - side,
            x_center + side, y_center + side)
    image = image.crop(rect)
    return image, rect
```

上述代码以及本章其余的全部代码中涉及的 image 对象均为 PIL.Image 类型。PIL（Python Imaging Library）是一个第三方模块，但由于其强大的功能与广泛的用户基础，几乎已经被认为是 Python 官方图像处理库了。PIL 不仅为用户提供了 jpg、png、gif 等多种图片类型的支持，还内置了十分强大的图片处理工具集。上面提到的 Image 类型是 PIL 最重要的核心类，除了具备裁剪（Crop）功能外，还拥有创建缩略图（Thumbnail）、通道分离（Split）与合并（Merge）、缩放（Resize）、转置（Transpose）等功能。下面给出一个图片缩放的案例，具体代码如下。

```python
def _resize(image: Image, pts: '98-by-2 matrix')\
        -> (Image, 'resized pts'):
    """Resize the image and landmarks simultaneously."""
    target_size = (128, 128)
    pts = pts / image.size * target_size
    image = image.resize(target_size, Image.ANTIALIAS)
    return image, pts
```

上述代码将人脸图片和关键点坐标一并缩放至 128×128。在 Image.resize 方法的调用中，第一个参数表示缩放的目标尺寸，第二个参数表示缩放所使用的过滤器类型。默认情况下，过滤器会选用 Image.NEAREST，其特点是压缩速度快但压缩效果较差。因此 PIL 官方文档中建议，如果对于图片处理速度的要求不是那么苛刻，推荐使用 Image.ANTIALIAS 以获得更好的缩放效果。在本章项目中，由于 _resize 函数对每张人脸图片只会调用一次，因此时间复杂度并不是问题。况且图像经过缩放后还要被深度模型学习，缩放效果很可能是决定模型学习效果的关键因素，所以这里选择了 Image.ANTIALIAS 过滤器进行缩放。图 10.2 经过裁剪和缩放处理后的效果如图 10.3 所示。

图 10.3　裁剪和缩放处理结果

2. 数据归一化处理

经过裁剪和缩放处理所得的数据集已经可以用于模型训练了，但训练效果并不理想。对于正常图片，模型可以以较高的准确率定位人脸关键点。但在某些过度曝光或者经过了滤镜处理的图片面前，模型就显得力不从心了。为了提高模型的准确率，这里进一步对数据集进行归一化处理。所谓归一化，就是排除某些变量的影响。如我们希望将所有人脸图片的平均亮度统一，从而排除图片亮度对模型的影响，如下面代码所示。

```python
def _relight(image: Image) -> Image:
    """Standardize the light of an image."""
    r, g, b = ImageStat.Stat(image).mean
    brightness = math.sqrt(0.241 * r ** 2 + 0.691 * g ** 2 + 0.068 * b ** 2)
    image = ImageEnhance.Brightness(image).enhance(128 / brightness)
    return image
```

ImageStat 和 ImageEnhance 分别是 PIL 中的两个工具类。ImageStat 可以对图片中每个通道进行统计分析，上述代码中就对图片 3 个通道分别求得了平均值；ImageEnhance 用于图像增强，常见用法包括调整图片的亮度、对比度以及锐度等。

📢 提示

颜色通道是一种用于保存图像基本颜色信息的数据结构。最常见的 RGB 模式图片由红绿蓝 3 种基本颜色组成，即 RGB 图片中的每个像素都用这 3 种颜色的亮度值表示。在一些印刷品的设计图中会经常遇到 CYMK 的颜色模式，这种模式下的图片包含 4 个颜色通道，分别表示青、黄、红、黑。PIL 可以自动识别图片文件的颜色模式，因此多数情况下用户并不需要关心图像的颜色模式。但是在对图片应用统计分析或增强处理时，底层操作往往是针对不同通道分别完成的。为了避免因为颜色模式导致的图像失真，用户可以通过 PIL.Image.mode 属性查看被处理图像的颜色模式。

类似地，我们希望消除人脸朝向所带来的影响。这是因为训练集中朝向左边的人脸明显多于朝向右边的人脸，导致模型对于朝向右侧的人脸识别率较低。具体做法是随机将人脸图片进行左右翻转，从而在概率上保证朝向不同方向的人脸图片具有近似平均的分布，如下面代码所示。

```python
def _fliplr(image: Image, pts: '98-by-2 matrix')\
        -> (Image, 'corresponding pts'):
    """Flip the image and landmarks randomly."""
    if random.random() >= 0.5:
        pts[:, 0] = 128 - pts[:, 0]
        pts = pts[_fliplr.perm]
        image = image.transpose(Image.FLIP_LEFT_RIGHT)
    return image, pts
```

图片的翻转比较容易完成，只需要调用 PIL.Image 类的转置方法即可，但关键点的翻转则需要一些额外的操作。如左眼 96 号关键点在翻转后会成为新图片的右眼 97 号关键点（见图 10.1），因此其在 pts 数组中的位置也需要从 96 变为 97。为了实现该功能，定义全排列向量 perm 来记录关键点的对应关系。为了方便程序调用，perm 被保存在文件中。但是如果每次调用 _fliplr 时都从文件中读取显然会拖慢函数的执行，而将 perm 作为全局变量加载又会污染全局变量空间，破坏函数的封装性。这里的解决方案是将 perm 作为函数对象 _fliplr 的一个属性，从外部加载并始终保存在内存中，如下面代码所示。

```python
_fliplr.perm = np.load('fliplr_perm.npy')
```

 提示

熟悉 C/C++的读者可能会联想到 static 修饰的静态局部变量。遗憾的是，Python 作为动态语言是没有这种特性的。上面的一行代码就是为了实现类似效果所作出的一种尝试。

3. 整体代码

前面定义了对于单张图片的全部处理函数，接下来只需遍历数据集并调用即可，如下面代码所示。由于训练集和测试集在 WFLW 中是分开进行存储的，但二者的处理流程几乎相同，因此可将其公共部分抽取出来作为 preprocess 函数进行定义。训练集和测试集共享同一个图片库，其区别仅仅在于人脸关键点的坐标以及人脸矩形框的位置，这些信息被存储在一个描述文件中。preprocess 函数接收这个描述文件流作为参数，依次处理文件中描述的人脸图片，最后将其保存到 dataset 目录下的对应位置。

```python
def preprocess(dataset: 'File', name: str):
    """Preprocess input data as described in dataset.

    @param dataset: stream of the data specification file
    @param name: dataset name (either "train" or "test")
    """
    print(f"start processing {name}")
```

```python
    image_dir = './WFLW/WFLW_images/'
    target_base = f'./dataset/{name}/'
    os.mkdir(target_base)

    pts_set = []
    batch = 0
    for data in dataset:
        if not pts_set:
            print("\rbatch " + str(batch), end='')
            target_dir = target_base + f'batch_{batch}/'
            os.mkdir(target_dir)
        data = data.split(' ')
        pts = np.array(data[:196], dtype=np.float32).reshape((98, 2))
        rect = [int(x) for x in data[196:200]]
        image_path = data[-1][:-1]

        with Image.open(image_dir + image_path) as image:
            img, rect = _crop(image, rect)
        pts -= rect[:2]
        img, pts = _resize(img, pts)
        img, pts = _fliplr(img, pts)
        img = _relight(img)

        img.save(target_dir + str(len(pts_set)) + '.jpg')
        pts_set.append(np.array(pts))
        if len(pts_set) == 50:
            np.save(target_dir + 'pts.npy', pts_set)
            pts_set = []
            batch += 1
    print()


if __name__ == '__main__':
    annotation_dir = './WFLW/WFLW_annotations/list_98pt_rect_attr_train_test/'
    train_file = 'list_98pt_rect_attr_train.txt'
    test_file = 'list_98pt_rect_attr_test.txt'
    _fliplr.perm = np.load('fliplr_perm.npy')

    os.mkdir('./dataset/')
    with open(annotation_dir + train_file, 'r') as dataset:
        preprocess(dataset, 'train')
    with open(annotation_dir + test_file, 'r') as dataset:
        preprocess(dataset, 'test')
```

preprocess 函数中，我们将 50 个数据组成一批（Batch）进行存储，其目的是为了方便模型训练过程中的数据读取。机器学习中，模型训练往往是以批为单位的，这样不仅可以提高模型训练的效率，还能充分利用 GPU 的并行能力加快训练速度。处理后的目录结构如下面代码所示。

```
dataset
├── test
│   ├── batch_0
│   ...
│   └── batch_49
└── train
    ├── batch_0
    ...
    └── batch_149
```

10.1.2　卷积神经网络的搭建与训练

卷积神经网络是一种在计算机视觉领域十分常用的神经网络模型。与其他类型神经网络不同的是，卷积神经网络具有卷积层和池化层。直观上说，这两种网络层的功能是提取图片中各个区域的特征并将这些特征以图片的形式输出，输出的图片被称为特征图。卷积层和池化层的输入和输出都是图片，因此可以进行叠加。最初的特征图可能只包含基本的点和线等信息，但随着叠加的层数越来越多，特征的抽象程度也不断提高，最终达到可以分辨图片内容的水平。如果我们把识别图片内容看作一项技能，提取特征的方法就是学习这项技能所需的知识，而卷积层就是这些知识的容器。

1. 迁移学习

基于上面的讨论可以想到：是否可以将学习某项技能时获得的知识应用到与之不同但相关的领域中？这种技巧在机器学习中被称为迁移学习。从原理上来看，迁移学习的基础是特征的相似性。识别方桌的神经网络可以比较容易地改造成为识别圆桌的神经网络，却很难用于人脸检测，这是因为方桌和圆桌之间有大量的相同特征。但是从另一个角度来看，无论两张图片的主体多么迥异，构成它们的基本几何元素都是相同的。因此如果一个神经网络足够强大，以至于可以识别图片中出现的任何几何元素，那么这个神经网络同样很容易被迁移到各个应用领域。

ImageNet 是一个用于计算机视觉研究的大型数据库。许多研究团队使用 ImageNet 数据集对自己的神经网络进行训练，并且成果斐然。一些表现优异的网络模型在训练结束后由 ImageNet 发布，成了迁移学习的理想智库。本节采用的是 ResNet50 预训练模型，这一模型已经被 Keras 收录，可以直接在程序中引用，如下面代码所示。

```
import os
import numpy as np

from PIL import Image
from TensorFlow.keras.applications.resnet50 import ResNet50
from TensorFlow.keras.models import Model


def pretrain(model: Model, name: str):
    """Use a pretrained model to extract features.

    @param model: pretrained model acting as extractors
    @param name: dataset name (either "train" or "test")
    """
    print("predicting on " + name)
    base_path = f'./dataset/{name}/'
    for batch_path in os.listdir(base_path):
        batch_path = base_path + batch_path + '/'
        images = np.zeros((50, 128, 128, 3), dtype=np.uint8)
        for i in range(50):
            with Image.open(batch_path + f'{i}.jpg') as image:
                images[i] = np.array(image)
        result = model.predict_on_batch(images)
        np.save(batch_path + 'resnet50.npy', result)


base_model = ResNet50(include_top=False, input_shape=(128, 128, 3))
output = base_model.layers[38].output
model = Model(inputs=base_model.input, outputs=output)
pretrain(model, 'train')
pretrain(model, 'test')
```

上面代码截取了 ResNet50 的前 39 层作为特征提取器，输出特征图的尺寸是
32×32×256。这一尺寸表示每张特征图有 256 个通道，每个通道存储着一个 32×32 的灰度
图片。特征图本身并不是图片，而是以图片形式存在的三维矩阵，因此这里的通道概念也
和上文所说的颜色通道不同。特征图中的每个通道存储着不同特征在原图的分布情况，即
单个特征的检测结果。

小技巧

迁移学习的另一种常见实现方式是"预训练+微调"。其中预训练是指被迁移模型在
其领域内的训练过程，微调是对迁移后的模型在新的应用场景中进行调整。这种方式的优

点是可以使被迁移模型在经过微调后更加贴合当前任务，但是微调的过程往往耗时较长。本例中由于被迁移部分仅仅作为最基本特征的提取器，微调的意义并不明显，因此没有选择这样的方式进行训练。有兴趣的读者可以自行实现。

2. 模型搭建

本小节开始搭建基于特征图的卷积神经网络。Keras 提供了两种搭建网络模型的方法，其一是通过定义 Model 对象来实现，另一种是定义顺序（Sequential）对象。前者已经在迁移学习的代码中有所体现了，这里我们使用下面代码来对后者进行说明。与 Model 对象不同，顺序对象不能描述任意的复杂网络结构，而只能是网络层的线性堆叠。因此在 Keras 框架中，顺序对象是作为 Model 的一个子类存在的，仅仅是 Model 对象的进一步封装。创建好顺序模型后，可以使用 add 方法向模型中插入网络层，新插入的网络层会默认成为模型的最后一层。尽管网络层线性堆叠的特性限制了模型中分支和循环结构的存在，但是小型的神经网络大都满足这一要求，因此顺序模型对于一般的应用场景完全够用。

```
model = Sequential()
model.add(Conv2D(256, (1, 1), input_shape=(32, 32, 256), activation='relu'))
model.add(Conv2D(256, (3, 3), activation='relu'))
model.add(MaxPooling2D())
model.add(Conv2D(512, (2, 2), activation='relu'))
model.add(MaxPooling2D())
model.add(Flatten())
model.add(Dropout(0.2))
model.add(Dense(196))
model.compile('adam', loss='mse', metrics=['accuracy'])
model.summary()
plot_model(model, to_file='./models/model.png', show_shapes=True)
```

上述代码一共向顺序模型插入了 8 个网络层，其中的卷积层（Conv2D）、最大池化层（MaxPooling2D）以及全连接层（Dense）都是卷积神经网络中十分常用的网络层，需要好好掌握。应当指出的是，顺序模型在定义时不需要用户显式地传入每个网络层的输入尺寸，但这并不代表输入尺寸在模型中不重要。相反，模型整体的输入尺寸由模型中第一层的 input_shape 给出，而后各层的输入尺寸就都可以被 Keras 自动推断出来。

本模型的输入取自上一小节输出的特征图，因此尺寸为 32×32×256。模型整体的最后一层常常被称为输出层。这里我们希望模型的输出是 98 个人脸关键点的横纵坐标，因此输出向量的长度是 196。模型的整体结构以及各层尺寸如图 10.4 所示。

 小技巧

与模型中的其他各层不同，Dropout 层不是为了从特征图中提取信息，而是随机地将一些信息抛弃。正如我们所预期的那样，Dropout 层不会使模型在训练阶段的表现变得更好，但模型在测试阶段的准确率却得到了显著的提升，这是因为 Dropout 层可以在一定程度上抑制模型的过拟合。从图 10.4 可以看出，Dropout 层的输入和输出都是一个长度为 25088 的向量。区别在于某些向量元素在经过 Dropout 层后会被置零，意味着这个元素所代表的特征被抛弃了。因为在训练时输出层不能提前预知哪些特征会被抛弃，所以不会完全依赖于某些特征，从而提高了模型的泛化性能。

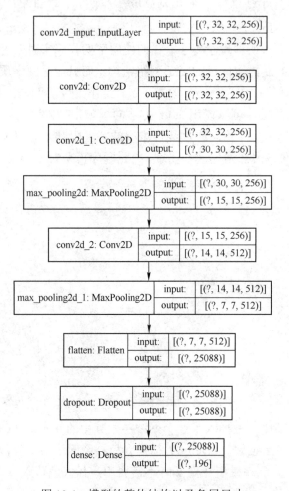

图 10.4　模型的整体结构以及各层尺寸

上述代码在模型搭建完成后进行了编译（Compile）操作。但事实上编译并不是顺序模型特有的方法，这里对模型进行编译是为了设置一系列训练相关的参数。第一个参数 Adam 指的是以默认参数使用 Adam 优化器。Adam 优化器是对随机梯度下降（sgd）优化器的改进，由于其计算的高效性而被广泛采用。第二个参数指定了损失函数取均方误差的形式。由勾股定理可得：

$$\sum_{i=1}^{98}(x_i - \hat{x}_i)^2 + \sum_{i=1}^{98}(y_i - \hat{y}_i)^2 = \sum_{i=1}^{98}r_i^2$$

其中，x_i 和 y_i 分别表示关键点的横纵坐标；r_i 表示预测点到实际点之间的距离。即均方误差为关键点偏移距离的平方和，因此这种损失函数的定义最为直观。最后一个参数规定了模型的评价标准（Metrics）为预测准确率（Accuracy）。

3. 模型训练

模型训练需要首先将数据集加载到内存。对于数据集不大的机器学习项目，常见的训练方法是读取全部数据并保存在一个 Numpy 数组中，然后调用 Model.fit 方法。但是在本项目中，全部特征图占用了近 10GB 空间，若同时全部加载到内存，将很容易导致 Python 内核因为没有足够的运行空间而崩溃。对于这种情况，Keras 给出了一个 fit_generator 接口。该函数可以接受一个生成器对象作为数据来源，从而允许用户以自定义的方式将数据加载到内存。本小节使用的生成器定义如下面代码所示。

```python
def data_generator(base_path: str):
    """Data generator for keras fitter.

    @param base_path: path to dataset
    """
    while True:
        for batch_path in os.listdir(base_path):
            batch_path = base_path + batch_path + '/'
            pts = np.load(batch_path + 'pts.npy')\
                .reshape((BATCH_SIZE, 196))
            _input = np.load(batch_path + 'resnet50.npy')
            yield _input, pts


train_generator = data_generator('./dataset/train/')
test_generator = data_generator('./dataset/test/')
```

🔊 **提示**

迭代器模式是最常用的设计模式之一。许多现代编程语言，包括 Python、Java、C++ 等，都从语言层面提供了迭代器模式的支持。在 Python 中所有可迭代对象都属于迭代器，而生成器是迭代器的一个子类，主要用于动态地生成数据。与一般的函数执行过程不同，迭代器函数遇到 yield 关键字返回，下次调用时从返回处继续执行。上述代码中，train_generator 和 test_generator 都是迭代器类型对象（data_generator 是函数对象）。

模型的训练过程常常会持续多个 epoch，因此生成器在遍历完一次数据集后必须有能力回到起点继续下一次遍历。这就是上述代码把 data_generator 定义为一个死循环的原因。如果没有引入死循化，则 for 循环遍历结束时函数会直接退出。此时任何企图从生成器获得数据的尝试都会触发异常，训练的第二个 epoch 也就无法正常启动了。

定义生成器的另一个作用是数据增强。在前面我们对图片的亮度进行归一化处理，以排除亮度对模型的干扰。一种更好的实现方式是在生成器中对输入图片动态地调整亮度，从而使模型适应不同亮度的图片，提升其泛化效果。本例由于预先采用了迁移学习进行特征提取，模型输入已经不是原始图片，所以无法使用数据增强。

迭代器定义完成后就可以开始训练模型了，如下面代码所示。值得一提的是 fit 函数中没有 steps_per_epoch 参数。因为 fit 函数的输入数据是一个列表，Keras 可以根据列表长度获知数据集的大小。但是生成器没有对应的 len 函数，所以 Keras 不知道一个 epoch 会持续多少个批次，因此需要用户显式地将这一数据作为参数传递进去。

```python
history = model.fit_generator(
    train_generator,
    steps_per_epoch=150,
    validation_data=test_generator,
    validation_steps=50,
    epochs=4,
    )
model.save('./models/model.h5')
```

训练结束后，我们需要将模型保存到一个 h5.py 文件中。这样即使 Python 进程被关闭，我们也可以随时获取这一模型。迁移学习中使用的 ResNet50 预训练模型就是这样保存在本地的。

10.2 模型评价

模型训练结束后，往往需要对其表现进行评价。对于人脸关键点这样的视觉任务来说，最直观的评价方式就是用肉眼来判断关键点坐标是否精确。为了将关键点绘制到原始图像上，定义 visual 模块如下面代码所示。

```python
import numpy as np
import functools

from PIL import Image, ImageDraw


def _preview(image: Image,
             pts: '98-by-2 matrix',
             r=1,
             color=(255, 0, 0)):
    """Draw landmark points on image."""
    draw = ImageDraw.Draw(image)
```

```
    for x, y in pts:
        draw.ellipse((x - r, y - r, x + r, y + r), fill=color)


def _result(name: str, model):
    """Visualize model output on dataset specified by name."""
    path = f'./dataset/{name}/batch_0/'
    _input = np.load(path + 'resnet50.npy')
    pts = model.predict(_input)
    for i in range(50):
        with Image.open(path + f'{i}.jpg') as image:
            _preview(image, pts[i].reshape((98, 2)))
            image.save(f'./visualization/{name}/{i}.jpg')


train_result = functools.partial(_result, "train")
test_result = functools.partial(_result, "test")
```

📝 小技巧

上述代码中最后调用 functools.partial 创建了两个函数对象 train_result 和 test_result，这两个函数对象被称为偏函数。从函数名 partial 可以看出，返回的偏函数应该是_result 函数的参数被部分赋值的产物。以 train_result 为例，上述的定义和下面一行代码是等价的。由于类似的封装场景较多，Python 内置了对于偏函数的支持，以减轻编程人员的负担。

```
def train_result(model): _result("train", model)
```

模型可视化的部分结果如图 10.5 所示。

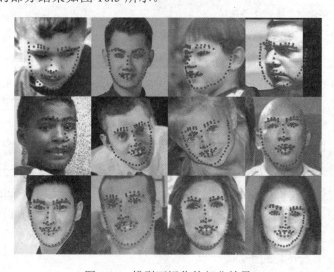

图 10.5　模型可视化的部分结果

10.1.2 节中 fit_generator 方法返回一个 history 对象，其中，history.history 属性记录了模型训练到不同阶段的损失函数值和准确度。使用 history 对象进行训练历史可视化的代码如下所示。机器学习研究中，损失函数值随时间变化的函数曲线是判断模型拟合程度的标准之一。通常情况下，模型在训练集上的损失函数值会随时间严格下降，下降速度随时间减小，图像类似指数函数。而在测试集上，模型的表现通常是先下降后不变。如果训练结束时模型在测试集上的损失函数值已经稳定，却远高于训练集上的损失函数值，则说明模型很可能已经过拟合，需要降低模型复杂度重新训练。

```python
import matplotlib.pyplot as plt

# 绘制训练和验证准确率曲线
plt.plot(history.history['accuracy'])
plt.plot(history.history['val_accuracy'])
plt.title('Model accuracy')
plt.ylabel('Accuracy')
plt.xlabel('Epoch')
plt.legend(['Train', 'Test'], loc='upper left')
plt.savefig('./models/accuracy.png')
plt.show()

# 绘制训练和验证损失函数曲线
plt.plot(history.history['loss'])
plt.plot(history.history['val_loss'])
plt.title('Model loss')
plt.ylabel('Loss')
plt.xlabel('Epoch')
plt.legend(['Train', 'Test'], loc='upper left')
plt.savefig('./models/loss.png')
plt.show()
```

这里使用的数据可视化工具是 Matplotlib 模块。它是 Python 中的 MATLAB 开源替代方案，其中很多函数都与 MATLAB 中具有相同的使用方法。pyplot 是 Matplotlib 的一个顶层 API，其中包含了全部绘图时常用的组件和方法。上述代码绘制得到的图像如图 10.6 所示。

从图表数据可以得出，模型在训练的 4 个 epoch 中，识别效果逐渐提升。甚至在第 4 个 epoch 结束后损失函数值仍有所下降，预示着模型表现还有进一步提升空间。有意思的一点是，模型在测试集上的表现似乎优于训练集：在第一和第三个 epoch 中，训练集上的损失函数值低于测试集上的损失函数值。这一现象主要是因为模型的准确率在不断升高，测试集的损失函数值反映的是模型在一个 epoch 结束后的表现，而训练集的损失函数值反映的则是模型在这个 epoch 的平均表现。

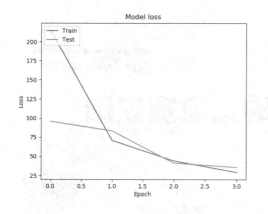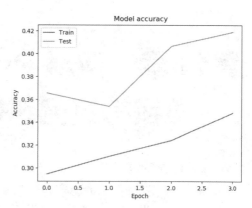

图 10.6　损失函数值与准确度曲线

10.3　本章小结

　　本章以人脸关键点检测程序为例，介绍了深度学习的基础理论及其在计算机视觉领域的应用。在数据的预处理阶段，使用 PIL 对图像进行裁剪与增强。在模型的搭建与训练过程中，使用神经网络框架 Keras 完成了迁移学习，并在其基础上实现了一个卷积神经网络。最后结合模型的训练历史对其表现进行可视化，结果证明模型在识别人脸关键点这一任务中取得了令人满意的准确率。本章重点介绍的 PIL 与 Keras 模块是计算机视觉领域的重要工具，需要好好掌握。其他模块，如 numpy 和 matplotlib，也是科学计算中常用的基础工具箱，感兴趣的读者可以自行查阅相关资料进行学习。

第 11 章 使用 PyTorch 实现基于卷积神经网络的充电宝识别

目前，各国政府对安全问题越来越重视和关注，均加大了在安防领域人力物力的投入，以确保社会稳定和公共安全。随着国际环境的变化，我国也进一步加大安防领域的投入，公共场所的安检级别越来越高。目前，X 射线安检技术的非接触式安检设备应用最为广泛，被大量应用在物流领域、交通领域和一些人员较为密集的公共场所。

几乎所有的 X 射线安检设备都会同时配备至少一名安检员进行观察来完成安检工作。通过 X 射线对行李物品进行成像，然后由操作人员观察显示器上的行李 X 射线图像，并快速判断行李内是否有违禁物品。操作人员通过训练能够快速、准确地对行李图像进行判断，尽可能地减少开包检查次数，保证人员快速通行。在行李检查过程中，操作人员需要长时间集中注意力进行安全检查，工作量巨大，稍有不慎就会出现错检漏检的情况。因此，如何依靠现有技术实现对 X 射线危险品的自动检测以完成辅助安检，具有重大现实意义，既可以减少人力物力的投入，降低人为因素影响，又可以提高安检工作效率和质量，提高安检工作的自动化水平，为群众和安检工作人员带来便捷。

本案例基于深度学习，面向 X 射线图像设计了一种能够实现危险品检测的卷积神经网络算法，以辅助安检员进行图像判断，以提高安检效率。

11.1 机器学习常用的 Python 工具库

11.1.1 PyTorch

PyTorch 是一个开源的Python机器学习库，基于 Torch，用于自然语言处理等应用程序。PyTorch 的前身是 Torch，其底层和 Torch 框架一样，但是使用 Python 重新写了很多内容，不仅更加灵活，支持动态图，而且提供了 Python 接口。它由 Torch7 团队开发，是一个以 Python 优先的深度学习框架，不仅能够实现强大的 GPU 加速，同时还支持动态神经网络，这是很多主流深度学习框架（如 TensorFlow 等）都不支持的。

11.1.2 NumPy

NumPy 系统是 Python 的一种开源数值计算扩展。这种工具可用来存储和处理大型矩阵，比 Python 自身的嵌套列表（nested list structure）结构高效（该结构也可以用于表示矩阵（matrix））。同时，NumPy（Numeric Python）还提供了许多高级的数值编程工具，如矩阵数据类型、矢量处理和精密的运算库，专为进行严格的数字处理而产生。

11.2 数据样本分析

试验采用了安检机返回的危险品 X 射线图像，即 RGB 彩色图像。数据集中的危险品包括带电芯充电宝和不带电芯充电宝两个类别，共 40 张图片（带电芯充电宝和不带电芯充电宝各 20 张），如图 11.1 和图 11.2 所示。

图 11.1　带电芯充电宝

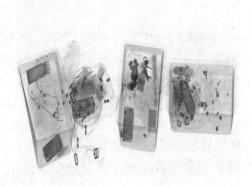

图 11.2　不带电芯充电宝

11.3 数据预处理

获得数据集后，要对其进行预处理。处理步骤如下。

1）对图片数据进行归一化处理，将每张图片的大小设置为 28×28。

2）将 RGB 彩色图片转为灰度图片，打乱图片顺序。

3）将数据集按 8∶2 的比例随机划分为训练集和测试集。

处理结果的部分数据如图 11.3 所示。

```
loading files...
files loaded
train data: [[0.96390486 0.9787615  0.98038435 ... 0.98039216 0.98039216 0.98039216]
 [0.96390486 0.9787615  0.98038435 ... 0.98039216 0.98039216 0.98039216]
 [0.96390486 0.9787615  0.98038435 ... 0.98039216 0.98039216 0.98039216]
 ...
 [0.96390486 0.9787615  0.98038435 ... 0.98039216 0.98039216 0.98039216]
 [0.96390486 0.9787615  0.98038435 ... 0.98039216 0.98039216 0.98039216]
 [0.96390486 0.9787615  0.98038435 ... 0.98039216 0.98039216 0.98039216]]

 [[0.96390486 0.9787615  0.98038435 ... 0.9801532  0.98039216 0.98039216]
 [0.96390486 0.9787615  0.98038435 ... 0.98017764 0.98039216 0.98039216]
 [0.96390486 0.9787615  0.98038435 ... 0.9802021  0.98039216 0.98039216]
 ...
 [0.96390486 0.9787615  0.98038435 ... 0.97993356 0.98039216 0.98039216]
 [0.96390486 0.9787615  0.98038435 ... 0.9799466  0.98039216 0.98039216]
 [0.96390486 0.9787615  0.98038435 ... 0.9799596  0.98039216 0.98039216]]
```

图 11.3　部分数据结果

11.4　算法模型

11.4.1　卷积神经网络

卷积神经网络（Convolutional Neural Networks, CNN）是深度学习应用比较广泛的代表算法之一，是一种利用卷积计算的深度前馈神经网络（Feedforward Neural Networks）。使用卷积结构可以有效减少深层网络占用的内存量和网络的参数个数，缓解模型的过拟合问题。CNN 的基本结构包括特征提取层和特征映射层。其中特征提取层具体指每个神经元的输入与前一层的局部接受域相连，并提取该局部的特征。当该局部特征被提取后，它与其他特征间的位置关系也随之确定下来。而在特征映射层中，网络的每个计算层由多个特征映射组成，每个特征映射是一个平面，平面上所有神经元的权值相等。

CNN 主要分为一维卷积神经网络、二维卷积神经网络和三维卷积神经网络。一维卷积神经网络主要用于序列类的数据处理；二维卷积神经网络常应用于图像类文本的识别；三维卷积神经网络主要应用于医学图像以及视频类数据的识别。

CNN 是一种多层的监督学习神经网络，其基本结构主要包括输入层、隐含层和输出层，如图 11.4 所示。

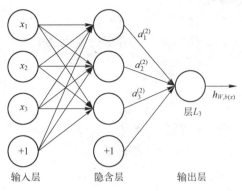

图 11.4　CNN 结构图

　　CNN 可以进行监督学习和无监督学习，具有极强的适应性，善于挖掘数据局部特征，提取全局训练特征和分类，无须手动选取特征。但它需要大量的样本，训练时间比较长。目前比较常用的典型 CNN 包含 LeNet、AlexNet、ZF Net、GoogLeNet、VGGNet、ResNet、Faster R-CNN、Mask-RCNN 和 UNet 等。

11.4.2　激活函数

　　为了提高神经网络对模型的表达能力，需要使用激活函数加入非线性因素。在多层神经网络中，上层结点的输出和下层结点的输入之间具有一个函数关系，这个函数被称为激活函数。常见的激活函数有 Sigmoid 函数、Tanh 函数、ReLU 函数、Leaky ReLU 函数、Maxout 函数等几种。其中 ReLU 函数是最近几年非常流行的激活函数。它的图像如图 11.5 所示。与 Tanh/Sigmoid 函数相比，ReLU 函数在梯度下降上有更快的收敛速度，不会出现梯度消失的问题。ReLU 函数会使一部分神经元的输出为 0，造成网络的稀疏性，并且减少了参数的相互依存关系，缓解了过拟合问题的发生。但 ReLU 函数单元脆弱且可能会在训练中"死亡"。

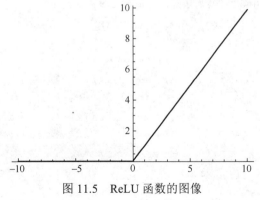

图 11.5　ReLU 函数的图像

11.4.3　模型建立

　　数据集预处理完成后，就可以设计合适的卷积神经网络模型，并对其进行训练了。本章使用的是基于 PyTorch 的经过改进后的 LeNet-5 模型。该模型包括两个卷积层、两个池化层和 3 个全连接层。其中，每次卷积完成后都先调用 ReLU 激活函数，然后进行最大值池化操作。

　　LeNet-5 是一个应用于图像分类问题的卷积神经网络，它的隐含层是一个 6 层网络结构，如图 11.5 所示。包括 3 个卷积层、两个下采样层和一个全连接层（图中 C 代表卷积层，S 代表下采样层，F 代表全连接层）。其中，C5 层可以看成是一个全连接层，因为 C5 层的卷积核大小与输入图像的大小一致，都是 5×5。

　　其代码实现为

```
#定义 lenet5
class LeNet5(nn.Module):
    def __init__(self):
        #'''构造函数，定义网络的结构'''
        super().__init__()
        #定义卷积层，1 个输入通道，6 个输出通道，5*5 的卷积 filter，外层补上了两圈 0,因为输入的是 32*32
        self.conv1 = nn.Conv2d(1, 6, 5, padding=2)
        #第二个卷积层，6 个输入，16 个输出，5*5 的卷积 filter
        self.conv2 = nn.Conv2d(6, 16, 5)

        #最后是 3 个全连接层
        self.fc1 = nn.Linear(16*5*5, 120)
        self.fc2 = nn.Linear(120, 84)
        self.fc3 = nn.Linear(84, 10)

    def forward(self, x):
        # '''前向传播函数'''
        #先卷积，然后调用 ReLU 激活函数，再最大值池化操作
        x = F.max_pool2d(F.relu(self.conv1(x)), (2, 2))
        #第二次卷积+池化操作
        x = F.max_pool2d(F.relu(self.conv2(x)), (2, 2))
        x = F.max_pool2d(F.relu(self.conv2(x)), (2, 2))
        #重新塑形,将多维数据重新塑造为二维数据，256*400
        x = x.view(-1, self.num_flat_features(x))
        #第一个全连接
        x = F.relu(self.fc1(x))
        x = F.relu(self.fc2(x))
        x = self.fc3(x)
        return x

    def num_flat_features(self, x):
        #x.size()返回值为(256, 16, 5, 5)，size 的值为(16, 5, 5)，256 是 batch_size
```

```
        size = x.size()[1:]            #x.size 返回的是一个元组，size 表示截取元组中第二个
开始的数字
        num_features = 1
        for s in size:
            num_features *= s
        return num_features
```

通过计算模型的总损失率来判断模型的可用性和精确度，实验结果如图 11.6 所示。

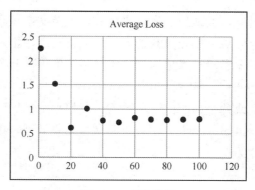

图 11.6　实验结果

由图 11.6 可知，随着模型迭代次数的增加，模型的损失率逐渐减少。在数据集足够大和迭代次数足够多时，模型的损失率会更小，甚至趋近于 0。因此，该模型对本章的数据集十分有效。

11.5　本章小结

卷积神经网络是在人工神经网络的基础上发展而来的，在图像处理方面有很大的优势。同时，它在图像识别、语音识别、人工智能中取得了很好的效果。本章通过对卷积神经网络 LeNet-5 模型进行改进，实现了对危险品 X 射线图像的识别、处理，以研究图像识别的机器学习模型。

近几年来，随着互联网和人工智能的快速发展，机器学习和图像识别得到了更广泛的应用。人们需要从网络海量的图片数据提取、获得自己想要的信息。这就需要有能够高速运行的硬件设施和学习速度快、准确度高的深度学习网络。随着分布式并行高速运行平台的飞速发展，借助机器学习理论设计出具有学习速度快且准确度高的图像识别模型显得异常重要，同时也能促进机器学习的进一步发展。

第 12 章 使用 PyTorch 实现基于词级别的情感分析

在计算机领域，机器学习的地位已经越来越高，涉及文字识别、图像识别、语音识别等各类领域，如今火热的人工智能也与之密不可分。本章将详细介绍如何将机器学习技术应用到文本情感分类中（基于某一个词的情感分类），即 Aspect Based Sentiment Analysis。该项分类任务是指对一条语句中的某一个或几个词，给出 3 个等级的情感划分，即-1、0、1，分别代表 negative、neutral、positive。以下将从数据集处理、模型搭建到训练和评测来逐一介绍。

扫码观看本实例视频

12.1 数据集的处理

数据集对任何一个机器学习任务都非常重要，数据集的大小、质量以及如何合理使用等因素都会影响最终的训练结果。数据集太小会导致训练不充分，效果不好。数据集质量太差，数据标注不准确更是会造成很大影响，所以数据集的标注往往是一个需要耐心、细心的体力活。

本次分类任务选用的数据集是 SemEval-2014 Task4。由于数据集是 xml 文件，所以需要经过处理才能提取数据。原版数据文件如图 12.1 所示。

```xml
▼<sentence id="2443">
    <text>Boots up fast and runs great!</text>
  ▼<aspectTerms>
      <aspectTerm term="Boots up" polarity="positive" from="0" to="8"/>
      <aspectTerm term="runs" polarity="positive" from="18" to="22"/>
  </aspectTerms>
</sentence>
▼<sentence id="764">
  ▼<text>
      Call tech support, standard email the form and fax it back in to us.
  </text>
  ▼<aspectTerms>
      <aspectTerm term="tech support" polarity="neutral" from="5" to="17"/>
  </aspectTerms>
</sentence>
```

图 12.1 原版数据文件

每一条语句中含有一个或多个 aspectTerm（即目标词），polarity 即该词在此条语句中的情感，经过处理，将数据集变成更易利用的形式。处理后的数据文件如图 12.2 所示。

```
$T$ fast and runs great !
Boots up
1
Boots up fast and $T$ great !
runs
1
Call $T$ , standard email the form and fax it back in to us .
tech support
0
```

图 12.2　处理后的数据文件

其中，T代表的是目标词，在下一行给出，第三行给出的是情感属性（-1：negative、0：neutral、1:positive）。当一个句子中含有多个目标词时，需要把原语句分成多个语句，才能得到能用于训练的数据。

到有了数据这一步，要让分类任务继续往下进行，需要介绍一个在自然语言处理（NLP）中非常重要的角色——词向量（Word Embedding）。

简而言之，词向量技术是将词转化为稠密向量，并且对于相似的词，其对应的词向量也相近。即将一个单词表示为一个数学向量的形式（通常有两种表示形式，离散表示和分布式表示）。

离散表示与计算机编码中的独热编码（one-hot）比较类似。即有多少个词就将向量的维度设置为多少，每个词在其所在的位置是 1，其他都是 0。如 run->[0,0,0,0,0,0,…,0,1,0,0,0…]

这类表示方法虽然简单，但得到的向量集效果并不好，一是维度太大，二是揭示不出相近词之间的关系。

分布式表示是词向量的表示方法，即将词表示成一个定长的、连续的稠密向量。但训练这类词向量的开销非常大。有将词表示为 100 维、200 维、300 维等，Google 的 BERT 模型更是将词向量训练到 768 维。维度越高表示的词越准确，但计算量的增长也是不可想象的。

在本项文本情感分类任务中，将介绍两种模型的搭建方式：一是用预训练的词向量，结合 LSTM 神经网络；二是利用 Google 预训练的 BERT 模型（BERT 模型稍后再展开介绍）。

一些 Stanford 预训练好的词向量为 glove.6B。词向量文件的结构是 word 0 0 0 0 … 0 0 0 0 的形式。可以自己选择所用词向量的维度。此次任务选用 300 维预训练词向量。

因为用单词本身并不方便，所以需要给单词标号，从数据集第一个碰到的单词从 0 开始依次标号。要存储以上信息需要用两个列表，代码如下（并非完整代码）。

```
1. if word not in self.word2idx:
2.     self.word2idx[word] = self.idx
3.     self.idx2word[self.idx] = word
```

```
4.        self.idx += 1
```

将所有数据集中的单词转化为标号之后，才能开始从预训练词向量集中读取词向量。建立词向量矩阵如图 12.3 所示。

```
def build_embedding_matrix(word2idx, embed_dim, dat_fname):
    if os.path.exists(dat_fname):
        print('loading embedding_matrix:', dat_fname)
        embedding_matrix = pickle.load(open(dat_fname, 'rb'))
    else:
        print('loading word vectors...')
        embedding_matrix = np.zeros((len(word2idx) + 2, embed_dim))  # idx 0 and len(word2idx)+1 are all-zeros
        fname = './glove.twitter.27B/glove.twitter.27B.' + str(embed_dim) + 'd.txt' \
            if embed_dim != 300 else './glove.42B.300d.txt'
        word_vec = _load_word_vec(fname, word2idx=word2idx)
        print('building embedding_matrix:', dat_fname)
        for word, i in word2idx.items():
            vec = word_vec.get(word)
            if vec is not None:
                # words not found in embedding index will be all-zeros.
                embedding_matrix[i] = vec
        pickle.dump(embedding_matrix, open(dat_fname, 'wb'))
    return embedding_matrix
```

图 12.3　建立词向量矩阵

如此，已经得到了真正能用于训练的数据。还可以通过 BERT 模型得到词向量。

BERT 模型是 Google 在 2018 年研究发表的，在多项 NLP 任务中取得了显著成效，更是推动了 NLP 领域发展。个人训练 BERT 模型几乎是不可能的，因为计算量已经大到无法想象，但是可以利用发布出来的预训练好的模型。在本任务中可以选用 bert-base-uncase 预训练集。Tokenizer4Bert 实现代码如下。

```
1. class Tokenizer4Bert:
1.     def __init__(self, max_seq_len):
3.         self.tokenizer = BertTokenizer.from_pretrained('bert-base-uncased')
4.         self.max_seq_len = max_seq_len
5.
6.     def text_to_sequence(self, text, reverse=False, padding='post',
       truncating='post'):
7.         sequence = self.tokenizer.convert_tokens_to_ids(self.tokenizer.
           tokenize(text))
8.         if len(sequence) == 0:
9.             sequence = [0]
10.        if reverse:
11.            sequence = sequence[::-1]
12.        return pad_and_truncate(sequence, self.max_seq_len, padding=
           padding, truncating=truncating)
```

在此时并不需要得到词向量，而是同样将单词转化为标号即可，但并不是与之前一样的方法按顺序标号，预训练模型中已有相对应的标号，只需通过查找给出即可。在真正的模型中，得到词向量非常简单，不需要经过 LSTM 训练（后面模型中的 LSTM 结构都可用 BERT 预训练模型代替，并且取得的效果更好）。如下 MemNet 中，只需调用：

```
1. memory, _ = self.bert(text_without_aspect_bert_indices, output_all_encoded_
   layers=False)
2. aspect, _ = self.bert(aspect_bert_indices, output_all_encoded_layers=False)
```

得到 768 维词向量，当然，在不同模型中传入的参数会有所不同，所以需对语句各部分做一些标记，模型的构建中会用到这些标记。代码如下。

```
1. text_raw_indices = tokenizer.text_to_sequence(text_left + " " + aspect + "
   " + text_right)
2. text_raw_without_aspect_indices = tokenizer.text_to_sequence(text_left + "
   " + text_right)
3. text_left_indices = tokenizer.text_to_sequence(text_left)
4. text_left_with_aspect_indices = tokenizer.text_to_sequence(text_left + " "
   + aspect)
5. text_right_indices = tokenizer.text_to_sequence(text_right, reverse=True)
6. text_right_with_aspect_indices = tokenizer.text_to_sequence(" " + aspect +
   " " + text_right, reverse=True)
7. aspect_indices = tokenizer.text_to_sequence(aspect)
8. left_context_len = np.sum(text_left_indices != 0)
9. aspect_len = np.sum(aspect_indices != 0)
```

12.2 模型的搭建

机器学习必然离不开模型，在各类任务上效果的提升都是由于模型的改善。在文本情感分类任务中，也有很多模型做出贡献。以下简单介绍几种模型及其代码搭建。

12.2.1 MemNet 模型

MemNet 模型是一种记忆力模型，一个由 n 个单词组成的句子 sentence=$\{w_1,w_2,\cdots,w_i,\cdots,w_n\}$，其中 w_i 为 aspect word（即目标词），其他词为目标词的上下文，由此将一个句子分成两部分，上下文信息存储在 word embedding 中，作为外存储器。模型中的 hop 代表计算层，每个 hop 包括 Attention 和 Linear 层，输入 aspect 的词向量，通过 Attention 机制（请读者自行查阅 Attention 机制的相关信息及实现）从存储器中选择与 aspect 相关的重要信息，aspect 词向量做线性变换后与之求和。hop 的层数可以自己定义，每一层 hop 的计算方法完全相同。最后一个 hop 输出的向量被认为是句子关于 aspect 的表示，做 softmax 得到分类结果，如图 12.4 所示。

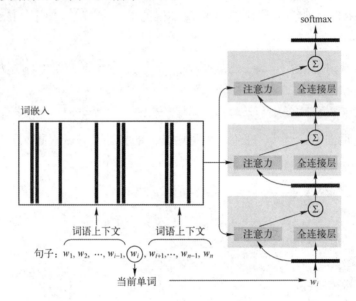

图 12.4　MemNet 模型结构

MemNet 模型的部分搭建代码如下（bert 词向量版本）。

```python
1. def forward(self, inputs):
2.     text_without_aspect_bert_indices, aspect_bert_indices = inputs[0],
    inputs[1]
3.     memory_len = torch.sum(text_without_aspect_bert_indices != 0, dim=-1)
4.     aspect_len = torch.sum(aspect_bert_indices != 0, dim=-1)
5.     nonzeros_aspect = torch.tensor(aspect_len, dtype=torch.float).to(self.
    opt.device)
6.
7.     memory, _ = self.bert(text_without_aspect_bert_indices, output_all_
    encoded_layers=False)
8.     memory = self.squeeze_embedding(memory, memory_len)
9.
10.     aspect, _ = self.bert(aspect_bert_indices, output_all_encoded_layers
    =False)
11.     aspect = torch.sum(aspect, dim=1)
12.     aspect = torch.div(aspect, nonzeros_aspect.view(nonzeros_aspect.size
    (0), 1))
13.     x = aspect.unsqueeze(dim=1)
```

```
14.      for _ in range(self.opt.hops):
15.          x = self.x_linear(x)
16.          out_at, _ = self.attention(memory, x)
17.          x = out_at + x
18.      x = x.view(x.size(0), -1)
19.      out = self.dense(x)
20.      return out
```

12.2.2 IAN 模型

IAN 模型结构如图 12.5 所示。

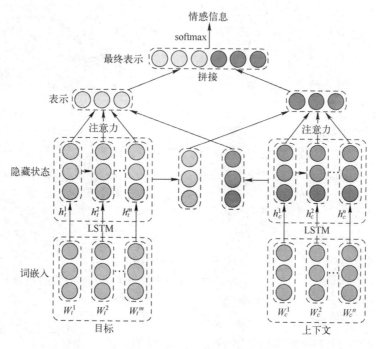

图 12.5　IAN 模型结构

本模型认为 Aspect-level 的情感分类任务中，Target 与 Context 应该具有交互性，即 context 归属 target-specific，target 归属 Context-specific，传统模型中将二者分开建模或只针对其一，本文利用 Attention 实现二者交互。将 Target 和 Context 分别通过 LSTM 得到隐向量后进行 pool 操作，即求平均，再分别与对方的隐向量作 Attention（Attention 机制自提出后就占据着重要地位），最终将两个 Attention 结果向量直接拼接后作 softmax 得到分类。

模型的部分搭建代码如下（bert 词向量版本）。

```
1. def forward(self, inputs):
```

Python 深度学习

```
2.      context, aspect = inputs[0], inputs[1]
3.      context_len = torch.sum(context != 0, dim=-1)
4.      aspect_len = torch.sum(aspect != 0, dim=-1)
5.
6.      context = self.squeeze_embedding(context, context_len)
7.      context, _ = self.bert(context, output_all_encoded_layers=False)
8.      context = self.dropout(context)
9.      aspect = self.squeeze_embedding(aspect, aspect_len)
10.     aspect, _ = self.bert(aspect, output_all_encoded_layers=False)
11.     aspect = self.dropout(aspect)
12.
13.     aspect_len = torch.tensor(aspect_len, dtype=torch.float).to(self.
        opt.device)
14.     aspect_pool = torch.sum(aspect, dim=1)
15.     aspect_pool = torch.div(aspect_pool, aspect_len.view(aspect_len.size
        (0), 1))
16.
17.     text_raw_len = torch.tensor(context_len, dtype=torch.float).to(self.
        opt.device)
18.     context_pool = torch.sum(context, dim=1)
19.     context_pool = torch.div(context_pool, text_raw_len.view(text_raw_
        len.size(0), 1))
20.
21.     aspect_final, _ = self.attention_aspect(aspect, context_pool)
22.     aspect_final = aspect_final.squeeze(dim=1)
23.     context_final, _ = self.attention_context(context, aspect_pool)
24.     context_final = context_final.squeeze(dim=1)
25.
26.     x = torch.cat((aspect_final, context_final), dim=-1)
27.     out = self.dense(x)
28.
29.     return out
```

12.2.3 AOA 模型

AOA 模型结构如图 12.6 所示。

146

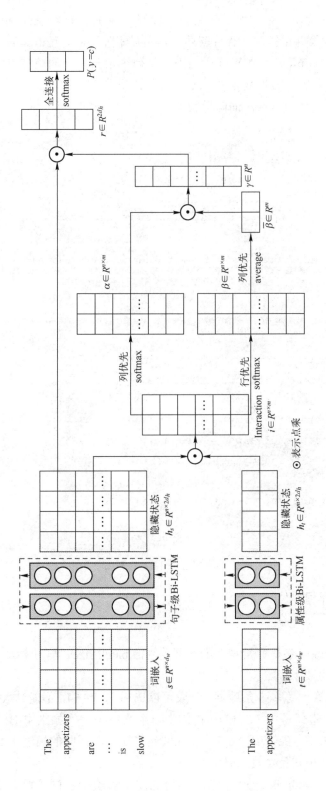

图12.6 AOA模型结构

Python 深度学习

AOA 模型相对比较简单，但取得的效果也比较好。该模型将 Aspect 和整个 Sentence 都通过双向 LSTM 得到隐向量矩阵，然后点乘得到交互矩阵，对交互矩阵的行列向量分别作 Softmax，对行向量 Softmax 后的矩阵作列平均与列 Softmax 后的矩阵点乘，最后与原 Sentence 隐向量矩阵点乘后作线性变换和 Softmax 得到输出。

模型的部分搭建代码如下（bert 词向量版本）。

```
1. def forward(self, inputs):
2.     text_raw_bert_indices = inputs[0] # batch_size x seq_len
3.     aspect_bert_indices = inputs[1] # batch_size x seq_len
4.
5.     ctx_out, _ = self.bert(text_raw_bert_indices, output_all_encoded_
       layers=False)
6.     asp_out, _ = self.bert(aspect_bert_indices, output_all_encoded_layer
       s=False)
7.
8.     interaction_mat = torch.matmul(ctx_out, torch.transpose(asp_out, 1, 2))
9.
10.    alpha = F.softmax(interaction_mat, dim=1)
11.    beta = F.softmax(interaction_mat, dim=2)
12.
13.    beta_avg = beta.mean(dim=1, keepdim=True)
14.    gamma = torch.matmul(alpha, beta_avg.transpose(1, 2))
15.    weighted_sum = torch.matmul(torch.transpose(ctx_out, 1, 2), gamma).
       squeeze(-1)
16.    out = self.dense(weighted_sum)
17.
18.    return out
```

12.3 训练和评测

机器学习中选择训练策略是非常重要的一环，包括 batch size、学习率大小、优化器的选择、loss 的计算和修正等内容。

● batch size：即一次训练多少条数据，一般可以选用 32 或 64，不能过大也不能太小。
● 学习率大小：在本任务中 LSTM 结构的学习率选用 1e-3，如果用 BERT 预训练模型，可以选用 2e-5、3e-5 或 5e-5，经过试验得知，在不同的模型中最佳学习率是不同的，且差距算不上太大，但也不小。
● 优化器地选择：即 Optimizer，优化器有非常多的种类，不同的机器学习和神经网络需要的优化器都是不同的，也比较复杂，要想知道各种优化器的详细信息，请读者自行查阅。在本任务中统一选用自适应学习率优化算法 Adam。

● loss 计算和修正：选用 PyTorch 的 CrossEntropyLoss。即

```
1. criterion = nn.CrossEntropyLoss()
2. loss = criterion(outputs, targets)
3. loss.backward()
```

评测代码如下。

```
1. def _evaluate_acc_f1(self, data_loader):
2.     n_correct, n_total = 0, 0
3.     t_targets_all, t_outputs_all = None, None
4.     # switch model to evaluation mode
5.     self.model.eval()
6.     with torch.no_grad():
7.         for t_batch, t_sample_batched in enumerate(data_loader):
8.             t_inputs = [t_sample_batched[col].to(self.opt.device) for col
                in self.opt.inputs_cols]
9.             t_targets = t_sample_batched['polarity'].to(self.opt.device)
10.            t_outputs = self.model(t_inputs)
11.
12.            n_correct += (torch.argmax(t_outputs, -1) == t_targets).sum().
                item()
13.            n_total += len(t_outputs)
14.
15.            if t_targets_all is None:
16.                t_targets_all = t_targets
17.                t_outputs_all = t_outputs
18.            else:
19.                t_targets_all = torch.cat((t_targets_all, t_targets),
                    dim=0)
20.                t_outputs_all = torch.cat((t_outputs_all, t_outputs),
                    dim=0)
21.
22.     acc = n_correct / n_total
23.     f1 = metrics.f1_score(t_targets_all.cpu(), torch.argmax(t_outputs_
        all, -1).cpu(), labels=[0, 1, 2],
24.                           average='macro')
25.     return acc, f1
```

训练代码如下。

```
1. def _train(self, criterion, optimizer, train_data_loader, val_data_loader):
2.     max_val_acc = 0
3.     max_val_f1 = 0
4.     global_step = 0
```

```
5.      path = None
6.      for epoch in range(self.opt.num_epoch):
7.          logger.info('>' * 100)
8.          logger.info('epoch: {}'.format(epoch))
9.          n_correct, n_total, loss_total = 0, 0, 0
10.         # switch model to training mode
11.         self.model.train()
12.         for i_batch, sample_batched in enumerate(train_data_loader):
13.             global_step += 1
14.             # clear gradient accumulators
15.             optimizer.zero_grad()
16.
17.             inputs = [sample_batched[col].to(self.opt.device) for col
                in self.opt.inputs_cols]
18.             outputs = self.model(inputs)
19.             targets = sample_batched['polarity'].to(self.opt.device)
20.
21.             loss = criterion(outputs, targets)
22.             loss.backward()
23.             optimizer.step()
24.
25.             n_correct += (torch.argmax(outputs, -1) == targets).sum().
                item()
26.             n_total += len(outputs)
27.             loss_total += loss.item() * len(outputs)
28.             if global_step % self.opt.log_step == 0:
29.                 train_acc = n_correct / n_total
30.                 train_loss = loss_total / n_total
31.                 logger.info('loss: {:.4f}, acc: {:.4f}'.format(train_loss,
                    train_acc))
```

在训练中需要对一个 batch 进行多次重复训练，即 epoch，次数可以自行确定，直到得到最好的效果并保存好模型参数。

12.4 本章小结

本章通过实例简单介绍了如何进行一项文本情感分类任务，从数据集如何处理到模型解读及搭建，再到具体的训练评测过程。自然语言处理（NLP）除此外还包含很多内容，与火热的人工智能息息相关，留有非常多的问题有待解决。机器学习技术本身就是一项非常复杂的技术，涉及面也很广。在本章中所列出的代码也并不完整，还有非常多的细节方面需要补充。本章代码中使用的是 PyTorch，要想做好机器学习，PyTorch 也几乎是必须掌握的工具。

第13章 基于生成式对抗网络（GAN）生成动漫人物

日本动漫中会出现很多卡通人物，这些卡通人物都是漫画家花费大量的时间设计绘制出来的，那么，假设已经有了一个卡通人物的集合，那么深度学习技术可否帮助漫画家们根据已有的动漫人物形象，设计出新的动漫人物形象呢？

扫码观看本实例
视频

该数据集包含已经裁减完成的头像，如图 13.1 所示，每张图像的大小为 96×96×3 像素，总数为 51000 张。

图 13.1　动漫人物数据集

这项任务与之前的有监督任务不同之处在于，监督任务是有明确的输入和输出来对模型进行优化调整，而这项任务是基于已有的数据集生成与原数据集相似的新数据。这是一个典型生成式任务，即假设原始数据集中所有动漫图像都服从于某一分布，数据集中的图片是从这个分布随机采样得到的，倘若可以获得这个分布是什么，那么就可以获得与数据集中图片分布相同但完全不同的新动漫形象。因此，生成式任务最重要的核心任务就在于如何去获得这个分布。现有的基于图像的生成式框架有 VAE 和 GAN 两大分支，GAN 的大名想必很多人都有所耳闻，其试验效果也是要优于 VAE 分支。

13.1　反卷积网络与 GAN

在介绍 GAN（Generative Adversarial Networks，生成式对抗网络）之前，先介绍一下用于 GAN 网络的非常重要的一个部件，即反卷积层。大多数卷积层会使特征图的尺寸不断变小，但反卷积层是为了使特征图逐渐变大，甚至与最初的输入图片一致。反卷积层最开始用于分割任务，后来被广泛应用于生成式任务中，如图 13.2 所示为一个反卷积层的正向传播计算过程，下层蓝色色块的为输入，白色虚线色块为 padding 部分，上层为反卷积层的输出，原本 3×3 大小的特征图经过反卷积可以得到 5×5 的输出（本章网络结构中也使用了反卷积层作为重要的一环）。

在分类或者分割等计算机视觉的任务中，最终损失函数都需要对网络的输出与标签的差异进行量化，如常见的 L1、L2、交叉熵等损失函数，那么在生成式任务中，当网络输出一张新图片时，如何去评判这张图片与原始数据集的分布是

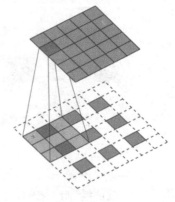

图 13.2　反卷积示意图

否一致？这是非常困难的事情，而 GAN 用很巧妙的思路规避了直接去判断分布是否一致的问题，通过引入另一个网络（判别器）实现了判断两张图片是否一致这一任务。

具体来说，假设原始的分布为 $P_{\text{data}}(X)$，$P_G(x;\theta)$ 指参数值为 θ 的卷积网络，其以随机数 x 作为初入，输出一张图像，该卷积网络称为生成器，根据最大似然定理，希望每个样例出现的概率的乘积最大，即最大化：

$$L = \prod_{i=1}^{m} P_G(x^i; \theta)$$

对 θ 进行求解，可得：

$$
\begin{aligned}
\theta^* &= \arg\max_\theta \prod_{i=1}^{m} P_G(x^i; \theta) \lim_{x \to \infty} \\
&= \arg\max_\theta \lg \prod_{i=1}^{m} P_G(x^i; \theta) \\
&= \arg\max_\theta \sum_{i=1}^{m} \lg P_G(x^i; \theta) \\
&= \arg\max_\theta E_{x \sim P_{data}}[\lg P_G(x^i; \theta)] \\
&= \arg\min_\theta KL(P_{\text{data}}(x) \| P_G(x^i; \theta))
\end{aligned}
$$

即 GAN 的生成器目标是找到 $P_G(x;\theta)$ 的一组参数，使其接近 $P_{\text{data}}(X)$ 分布，从而最小化生成器 G 生成结果与原始数据之间的差异 $\arg\max_G \text{Div}(P_{\text{data}}, P_G)$，为了解决这个问题，GAN 引入了判别器的概念，使用判别器 $D(X)$ 判断 $P_G(x;\theta)$ 生成的结果与 $P_{\text{data}}(X)$ 分布是否一致，判别器的目标是给真样本奖励、假样本惩罚，目的在于尽可能地区分生成器生成的样本与数据集的样本，当输入为数据集的样本时，判别器输出为真，当输入为生成器生成的样本时，判别器输出为假，GAN 的结构如图 13.3 所示。

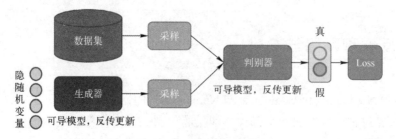

图 13.3　GAN 模型结构

$\arg\max_D L(G,D)$ 是判别器希望最大化的目标函数，这一优化目标与交叉熵函数的形式非常相似。需要注意的是，在优化判别器时，生成器 G 中的参数是不变的。生成器与判别器的目标不同，由于没有像监督学习那样的标签用于生成器，因此，生成器的目标为尽可能地骗过判别器，使判别器认为生成器生成的样本与原始数据集分布一致，即生成器的目标函数为 $\arg\max_D L(G,D)$。

$$L(G,D) = E_{x \sim P_{\text{data}}}[\log D(x)] + E_{x \sim P_G}[\log(1 - D(x))]$$

至此，GAN 的损失函数可写为 $\arg\min_G \max_D L(G,D)$，由于有两个网络的参数都需要更新，所以其在训练中具体步骤如下。

算法　GAN 的训练步骤

初始化生成器 G 和判别器 D 的参数。

在每一次训练迭代中：

步骤一： 固定生成器 G，更新判别器 D 的参数。

从样本数据集中采 m 个样本 $\{x^1, x^2, \cdots, x^m\}$，同时得到从生成器生成的结果 $\{\tilde{x}^1, \tilde{x}^2, \cdots, \tilde{x}^m\}$，从而最大化 $\tilde{V} = \frac{1}{m}\sum_{i=1}^{m} \lg D(x^i) + \frac{1}{m}\sum_{i=1}^{m} \lg(1 - D(\tilde{x}^i))$，并更新判别器的参数 θ_d：$\theta_d \leftarrow \theta_d + \eta \nabla \tilde{V}(\theta_d)$，其中 η 为学习率。

步骤二： 固定判别器 D，更新生成器 G 的参数。

从样本数据集中采 m 个样本 $\{x^1, x^2, \cdots, x^m\}$，最大化 $\tilde{V} = \frac{1}{m}\sum_{i=1}^{m} \lg(D(G(x)))$，并更新生成器的参数 $\theta_g \leftarrow \theta_g - \eta \nabla \tilde{V}(\theta_g)$，$\eta$ 为学习率。

13.2　DCGAN

DCGAN 作为网络模型，其核心思想与 GAN 一致，只是将原始 GAN 的多层感知器替换成了卷积神经网络，从而更符合图像的性质。下面介绍 DCGAN 的结构。

如图 13.4 所示可知，DCGAN 的生成器从一个 100 维的随机变量开始，不断叠加使用反卷积层，最终得到 64×64×3 的输出层。

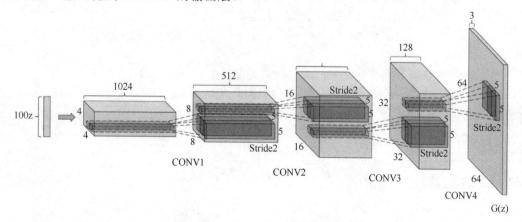

图 13.4　DCGAN 生成器网络结构

其判别器为一个 5 层的卷积结构，以 64×64×3 大小作为输入，单独一个值作为输出，为输入判别器的图像与数据集图像同分布的概率。

训练步骤与损失函数与上文中 GAN 的一致，通过交替更新参数的方式，使生成器和判别器逐渐收敛。在下一节中将具体介绍如何构建 DCGAN 并实现动漫人物生成。

13.3　基于 DCGAN 的动漫人物生成

新建 GanModel.py 文件，并在这个脚本中构建 DCGAN 的生成器和判别器模型，首先是生成器模型，由于本数据集的图片大小为 96×96，因此对原始 DCGAN 的参数做了一些调整，使得最终经过生成器得到的图片大小也是 96×96。

如下所示为经过调整后的生成器网络，包含 5 层，除去最后一层，每层都有一个卷积层、一个归一化层以及一个激活函数。

```python
1. import torch.nn as nn
2. # 定义生成器网络 G
3. class Generator(nn.Module):
4.     def __init__(self, nz=100):
5.         super(Generator, self).__init__()
6.         # layer1 输入的是一个 100x1x1 的随机噪声，输出尺寸 1024x4x4
7.         self.layer1 = nn.Sequential(
8.             nn.ConvTranspose2d(nz, 1024, kernel_size=4, stride=1, padding=0, bias=False),
9.             nn.BatchNorm2d(1024),
10.            nn.ReLU(inplace=True)
11.         )
12.        # layer2 输出尺寸 512x8x8
13.        self.layer2 = nn.Sequential(
14.            nn.ConvTranspose2d(1024, 512, 4, 2, 1, bias=False),
15.            nn.BatchNorm2d(512),
16.            nn.ReLU(inplace=True)
17.         )
18.        # layer3 输出尺寸 256x16x16
19.        self.layer3 = nn.Sequential(
20.            nn.ConvTranspose2d(512, 256, 4, 2, 1, bias=False),
21.            nn.BatchNorm2d(256),
22.            nn.ReLU(inplace=True)
23.         )
24.        # layer4 输出尺寸 128x32x32
25.        self.layer4 = nn.Sequential(
26.            nn.ConvTranspose2d(256, 128, 4, 2, 1, bias=False),
```

```
27.            nn.BatchNorm2d(128),
28.            nn.ReLU(inplace=True)
29.        )
30.        # layer5 输出尺寸 3x96x96
31.        self.layer5 = nn.Sequential(
32.            nn.ConvTranspose2d(128, 3, 5, 3, 1, bias=False),
33.            nn.Tanh()
34.        )
35.
36.    # 定义 Generator 的前向传播
37.    def forward(self, x):
38.        out = self.layer1(x)
39.        out = self.layer2(out)
40.        out = self.layer3(out)
41.        out = self.layer4(out)
42.        out = self.layer5(out)
43.        return out
```

接着定义判别器模型及前向传播过程，代码如下。

```
1.  # 定义鉴别器网络 D
2.  class Discriminator(nn.Module):
3.      def __init__(self):
4.          super(Discriminator, self).__init__()
5.          # layer1 输入 3x96x96, 输出 64x32x32
6.          self.layer1 = nn.Sequential(
7.              nn.Conv2d(3, 64, kernel_size=5, stride=3, padding=1, bias=False),
8.              nn.BatchNorm2d(64),
9.              nn.LeakyReLU(0.2, inplace=True)
10.         )
11.         # layer2 输出 128x16x16
12.         self.layer2 = nn.Sequential(
13.             nn.Conv2d(64, 128, 4, 2, 1, bias=False),
14.             nn.BatchNorm2d(128),
15.             nn.LeakyReLU(0.2, inplace=True)
16.         )
17.         # layer3 输出 256x8x8
18.         self.layer3 = nn.Sequential(
19.             nn.Conv2d(128, 256, 4, 2, 1, bias=False),
20.             nn.BatchNorm2d(256),
21.             nn.LeakyReLU(0.2, inplace=True)
22.         )
23.         # layer4 输出 512x4x4
```

```
24.         self.layer4 = nn.Sequential(
25.             nn.Conv2d(256, 512, 4, 2, 1, bias=False),
26.             nn.BatchNorm2d(512),
27.             nn.LeakyReLU(0.2, inplace=True)
28.         )
29.         # layer5 输出预测结果概率
30.         self.layer5 = nn.Sequential(
31.             nn.Conv2d(512, 1, 4, 1, 0, bias=False),
32.             nn.Sigmoid()
33.         )
34.
35.     # 前向传播
36.     def forward(self, x):
37.         out = self.layer1(x)
38.         out = self.layer2(out)
39.         out = self.layer3(out)
40.         out = self.layer4(out)
41.         out = self.layer5(out)
42.         return out
```

定义完模型的基本结构后，新建另一个 python 脚本 DCGAN.py，并将数据集放在同一目录下。首先是引入会用到的各种包和超参数，将超参数写在最前面以便后续修改的时候进行调整。其中超参数主要包含一次迭代的 batchsize 大小，这个参数视 GPU 的性能而定，一般建议 8 以上，如果显存足够大，可以增大 batchsize，batchsize 越大，训练的速度越快。ImageSize 为输入的图片大小，Epoch 为训练要在数据集上训练几个轮次，Lr 是优化器最开始的学习率大小，Beta1 为 Adam 优化器一阶矩估计的指数衰减率，DataPath 为数据集存放位置，OutPath 为最终结果存放位置。

```
1. import torch
2. import torchvision
3. import torchvision.utils as vutils
4. import torch.nn as nn
5. from GanModel import Generator, Discriminator
6.
7. # 设置超参数
8. BatchSize = 8
9. ImageSize = 96
10. Epoch = 25
11. Lr = 0.0002
12. Beta1 = 0.5
13. DataPath = './faces/'
14. OutPath = './imgs/'
```

```
15. # 定义是否使用 GPU
16. device = torch.device("cuda" if torch.cuda.is_available() else "cpu")
```

接下来定义 train 函数，以数据集、生成器、鉴别器作为函数输入，首先设置优化器以及损失函数。

```
1. def train(netG, netD, dataloader):
2.     criterion = nn.BCELoss()
3.     optimizerG = torch.optim.Adam(netG.parameters(), lr=Lr, betas=(Beta1,
0.999))
4.     optimizerD = torch.optim.Adam(netD.parameters(), lr=Lr, betas=(Beta1,
0.999))
5.
6.     label = torch.FloatTensor(BatchSize)
7.     real_label = 1
8.     fake_label = 0
```

再开始一轮一轮的迭代训练并输出中间结果，方便 debug。

```
1. for epoch in range(1, Epoch + 1):
2.     for i, (imgs, _) in enumerate(dataloader):
3.         # 固定生成器 G，训练鉴别器 D
4.         optimizerD.zero_grad()
5.         # 让 D 尽可能把真图片判别为 1
6.         imgs = imgs.to(device)
7.         output = netD(imgs)
8.         label.data.fill_(real_label)
9.         label = label.to(device)
10.         errD_real = criterion(output, label)
11.         errD_real.backward()
12.         # 让 D 尽可能把假图片判别为 0
13.         label.data.fill_(fake_label)
14.         noise = torch.randn(BatchSize, 100, 1, 1)
15.         noise = noise.to(device)
16.         fake = netG(noise)
17.         # 避免梯度传到 G，因为 G 不用更新
18.         output = netD(fake.detach())
19.         errD_fake = criterion(output, label)
20.         errD_fake.backward()
21.         errD = errD_fake + errD_real
22.         optimizerD.step()
```

首先固定生成器的参数，并随机将一组随机数送入生成器得到一组假图片，同时从数据集中抽取同样数目的真图片，假图片对应标签为 0，真图片对应标签为 1，将这组数据

送入判别器进行参数更新。

```
1.      # 固定鉴别器 D，训练生成器 G
2.      optimizerG.zero_grad()
3.      # 让 D 尽可能把 G 生成的假图判别为 1
4.      label.data.fill_(real_label)
5.      label = label.to(device)
6.      output = netD(fake)
7.      errG = criterion(output, label)
8.      errG.backward()
9.      optimizerG.step()
10.     if i % 50 == 0:
11.         print('[%d/%d][%d/%d] Loss_D: %.3f Loss_G %.3f'
12.               % (epoch, Epoch, i, len(dataloader), errD.item(), errG.item()))
13.
14. vutils.save_image(fake.data,
15.               '%s/fake_samples_epoch_%03d.png' % (OutPath, epoch),
16.               normalize=True)
17. torch.save(netG.state_dict(), '%s/netG_%03d.pth' % (OutPath, epoch))
18. torch.save(netD.state_dict(), '%s/netD_%03d.pth' % (OutPath, epoch))
```

　　接下来固定判别器参数，训练生成器，生成器的目标是根据随机数生成得到的图片能骗过判别器，使之认为这些图片为真，因此将生成得到的假图经过判别器得到判别结果，并设置标签全部为 1，计算损失函数并反向传播对生成器参数进行更新。

　　在训练过程中，不断打印生成器和判别器 Loss 的变化情况，从而方便进行观察并调整参数。每训练完一个 Epoch，则将该 Epoch 中生成器得到的假图保存下来，同时存储生成器和判别器的参数，防止训练过程突然被终止（可以使用存储的参数进行恢复，不需要再从头进行训练）。

　　最后完成 main 函数主程序入口代码的编写，它包含了加载数据集、定义模型、训练等步骤。

　　Transforms 定义了对数据集中输入图片进行预处理的步骤，主要包含 scale 对输入图片大小进行调整，ToTensor 转化为 PyTorch 的 Tensor 类型以及 Normalize 中使用均值和标准差来进行图片的归一化。

```
1. if __name__ == "__main__":
2.     # 图像格式转化与归一化
3.     transforms = torchvision.transforms.Compose([
4.         torchvision.transforms.Scale(ImageSize),
5.         torchvision.transforms.ToTensor(),
6.         torchvision.transforms.Normalize((0.5, 0.5, 0.5), (0.5, 0.5, 0.5))])
7.     dataset = torchvision.datasets.ImageFolder(DataPath, transform=transforms)
8.
```

```
9.    dataloader = torch.utils.data.DataLoader(
10.        dataset=dataset,
11.        batch_size=BatchSize,
12.        shuffle=True,
13.        drop_last=True,
14.    )
15.
16.    netG = Generator().to(device)
17.    netD = Discriminator().to(device)
18.    train(netG, netD, dataloader)
```

开始训练后，在命令行可得类似于图 13.5 所示的输出。

```
[1/25][0/6398] Loss_D: 1.450 Loss_G 4.186
[1/25][50/6398] Loss_D: 0.087 Loss_G 6.504
[1/25][100/6398] Loss_D: 0.768 Loss_G 3.299
[1/25][150/6398] Loss_D: 0.783 Loss_G 2.379
[1/25][200/6398] Loss_D: 0.773 Loss_G 6.019
[1/25][250/6398] Loss_D: 1.823 Loss_G 2.724
[1/25][300/6398] Loss_D: 1.010 Loss_G 3.027
[1/25][350/6398] Loss_D: 1.626 Loss_G 2.246
[1/25][400/6398] Loss_D: 1.139 Loss_G 2.244
[1/25][450/6398] Loss_D: 1.286 Loss_G 2.697
[1/25][500/6398] Loss_D: 1.031 Loss_G 3.312
[1/25][550/6398] Loss_D: 1.429 Loss_G 2.971
[1/25][600/6398] Loss_D: 0.858 Loss_G 1.211
[1/25][650/6398] Loss_D: 0.656 Loss_G 3.801
[1/25][700/6398] Loss_D: 0.699 Loss_G 3.238
[1/25][750/6398] Loss_D: 1.132 Loss_G 1.357
[1/25][800/6398] Loss_D: 0.620 Loss_G 4.175
[1/25][850/6398] Loss_D: 2.682 Loss_G 4.187
[1/25][900/6398] Loss_D: 1.038 Loss_G 1.689
[1/25][950/6398] Loss_D: 0.668 Loss_G 3.496
[1/25][1000/6398] Loss_D: 1.365 Loss_G 2.708
[1/25][1050/6398] Loss_D: 0.906 Loss_G 3.412
[1/25][1100/6398] Loss_D: 0.866 Loss_G 2.880
[1/25][1150/6398] Loss_D: 0.648 Loss_G 3.222
[1/25][1200/6398] Loss_D: 0.991 Loss_G 2.565
[1/25][1250/6398] Loss_D: 0.681 Loss_G 3.081
```

图 13.5　训练过程命令行输出

与手写数字识别的不同在于，可以发现生成器和判别器的 Loss 值都在一会高一会低的状态，这种状态是我们想要的结果吗？如果注意观察，会发现很多情况下当判别器的 Loss 值下降时，生成器的 Loss 值会上升，而当判别器的 Loss 出现了上升时，生成器 Loss 则会出现下降。这是由于判别器和生成器一直处于一种互相"打架"的状态，生成器想要骗过判别器，而判别器则努力不被生成器骗，Loss 值才会出现如此状况。两个网络在循环"打架"过程中不断增强，最终得到一个甚至能骗过人眼的生成器。

让我们来看一下经过一个 Epoch 迭代后的生成器得到的结果，如图 13.6 所示。

图 13.6　Epoch1 测试结果可视化

好像已经有了一些轮廓，但又像近视一样看不清，颇有些印象派作家的画风，继续训练网络，等到第 10 个 Epoch，会发现生成器生成的质量越来越高，如图 13.7 所示。

图 13.7   Epoch15 测试结果可视化

一直到第 25 个 Epoch，得到的结果如图 13.8 所示，尽管生成的图片还存在一些结构性问题，但也有一些图片逐渐开始接近于我们的期待。当然，本文迭代次数较少，仅有 25 次，若进一步升高迭代次数，最终可获得更加真实的动漫头像。

图 13.8   Epoch25 测试结果可视化

13.4   本章小结

GAN 是近些年计算机视觉领域非常常见的一类方法，其强大的新数据生成能力令人惊叹，甚至连人眼都无法进行分辨。本章介绍了基于最原始 DCGAN 动漫人物生成任务，通过定义生成器和判别器，并让这两个网络在参数优化过程中不断"打架"，最终得到较好的生成结果。DCGAN 之后也有 CycleGAN、Pix2Pix 等工作同样惊艳，有兴趣的读者可以自行了解。

第14章 使用 Keras 进行基于迁移学习的电影评论分类

在本章中我们将使用迁移学习算法（Transfer Learning）来解决一个典型的二分分类（Binary Classification）问题——IMDb（Internet Movie Database）电影评论分类问题。具体还使用 TensorFlow Hub 和 Keras 两个模块。tf.keras 是一个 TensorFlow 中用于构建和训练模型的高级 API，TensorFlow Hub 是一个用于迁移学习的库和平台。

扫码观看本实例视频

14.1 迁移学习概述

首先我们要弄清楚迁移学习这一概念，了解这一算法概念的提出是基于怎样的现实问题。随着越来越多的机器学习应用场景的出现，现有表现比较好的监督学习需要大量的标注数据（标注数据是一项枯燥无味且花费巨大的任务），所以迁移学习受到越来越多的关注。在传统机器学习的主要部分有监督学习任务中，我们对与解决的问题和数据有着如下假设：一是同分布假设；二是需要大量有标注的数据（数据与标签）。而在实际情况中数据往往不够理想（数据分布有所差异；标注数据数量不足），因此我们需要借鉴迁移学习的思想，将某个领域或任务上学习到的知识或模式应用到不同但相关的领域或问题中。通过迁移学习我们不必从头开始（模型的权重随机），而是从一个比较相关的任务模型出发即可，因此更有可能具有相对高的起点和更高的最终结果（一个粗略表示），如图 14.1 所示。

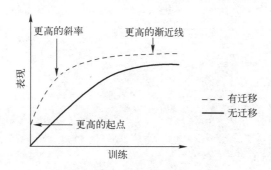

图 14.1 迁移学习优点的粗略表示

在实际生活中，"迁移学习"的身影并不少见，事实上我们之所以能够快速积累知识、

Python 深度学习

认识改造世界,除了可学习能力外,迁移学习能力同样不可或缺。学习并熟练掌握了 C/C++ 等语言的程序员,在接触新的计算机语言(如 Python)时,学习效率远超编程小白。这样的能力便是人们常说的"举一反三",那么在我们的任务中是否可以吸取这种思路呢?

答案当然是可以的。具体而言,迁移学习是指从相关领域中迁移标注数据或者知识结构、完成或改进目标领域或任务的学习效果。我们知道可以训练深度神经网络使之具有识别所给数据集的物体类型的能力,前面卷积网络的主要作用是反复多层提取图像二维特征,后面的全连接层或者 1×1 卷积核的卷积网络可以起到组合特征的作用,将不同的特征组合拟合到不同物体中。而且像 VGG16 深层网络模型结合 COCO 那样比较大型的数据集训练完成往往耗费较大资源,如果遇到一个新的物品类别需要识别时,我们该怎样做呢?再从头开始训练?不现实,一方面我们的数据往往是不充足的(在图像识别上),另一方面我们缺乏其他类型物品与之区别训练(即训练不相关图像同样有助于此物体的识别)。因此,最好的方法可能是导入训练好的模型权重,继续训练新的数据集,以实现图像识别的"迁移学习"。

若想聪明地完成对 IMDB 数据集电影评论进行分类,就需要借鉴迁移学习的思路。

14.2　IMDB 数据集

我们需要对网络电影数据库(Internet Movie Database,IMDb)的 IMDb 数据集(IMDB dataset)有一个初步了解。顾名思义,IMDB 数据集包含 50000 条影评文本。从该数据集切割出 25000 条评论用作训练,另外 25000 条用作测试。除此之外训练集与测试集是平衡的,这意味着它们包含相等数量的积极和消极评论。

为了更加交互式地介绍,我们采取将代码与内容同步进行的方式。

1. 导入必要的包和设置

```
1. from __future__ import absolute_import, division, print_function, unicode_
   literals
2. import numpy as np
3. import TensorFlow as tf
4. import TensorFlow_hub as hub
5. import TensorFlow_datasets as tfds
6.
7. print("Version: ", tf.__version__)
8. print("Eager mode: ", tf.executing_eagerly())
9. print("Hub version: ", hub.__version__)
10. print("GPU is", "available" if tf.config.experimental.list_physical_devices
    ("GPU") else "NOT AVAILABLE")
```

运行结果:

```
1. # Results 结果
2. Version:  2.0.0
3. Eager mode:  True
4. Hub version:  0.7.0
5. GPU is NOT AVAILABLE
```

2. 下载 IMDB 数据集

TensorFlow 数据集上提供了 IMDB 数据集。以下代码将 IMDB 数据集下载到机器（或者 Colab 运行环境）中，第一次加载会自动下载到默认的文件夹中，再使用这段代码将直接将下载好的文件导入：

```
1. # 将训练集按照 6:4 的比例进行切割，最终我们将得到 15,000
2. # 个训练样本，10,000 个验证样本以及 25,000 个测试样本
3. train_validation_split = tfds.Split.TRAIN.subsplit([6, 4])
4.
5. (train_data, validation_data), test_data = tfds.load(
6.     name="imdb_reviews",
7.     split=(train_validation_split, tfds.Split.TEST),
8.     as_supervised=True)
```

3. 探索数据

每一个样本都是一个表示电影评论和相应标签的句子。该句子不以任何方式进行预处理。标签是一个值为 0 或 1 的整数，其中 0 代表消极评论，1 代表积极评论。

首先，打印前 10 个样本以及对应的标签。

```
1. train_examples_batch, train_labels_batch = next(iter(train_data.batch(10)))
2. print("train_examples_batch:  ",train_examples_batch)
3. print("train_labels_batch:  ",train_labels_batch)
```

该部分代码运行结果如图 14.2 所示，可以看出每个样本是影评内容的字符串表示，标签 0 或 1 分别代表消极评论和积极评论。

```
train_examples_batch:    tf.Tensor(
[b"As a lifelong fan of Dickens, I have invariably been disappointed by adaptations of his novels.<br /><br />Although his works present
 b"Oh yeah! Jenna Jameson did it again! Yeah Baby! This movie rocks. It was one of the 1st movies i saw of her. And i have to say i feel
 b"I saw this film on True Movies (which automatically made me sceptical) but actually - it was good. Why? Not because of the amazing pl
 b'This was a wonderfully clever and entertaining movie that I shall never tire of watching many, many times. The casting was magnificen
 b'I have no idea what the other reviewer is talking about- this was a wonderful movie, and created a sense of the era that feels like t
 b"This was soul-provoking! I am an Iranian, and living in th 21st century, I didn't know that such big tribes have been living in such
 b'Just because someone is under the age of 10 does not mean they are stupid. If your child likes this film you\'d better have him/her t
 b"I absolutely LOVED this movie when I was a kid. I cried every time I watched it. It wasn't weird to me. I totally identified with the
 b'A very close and sharp discription of the bubbling and dynamic emotional world of specialy one 18year old guy, that makes his first e
 b"This is the most depressing film I have ever seen. I first saw it as a child and even thinking about it now really upsets me. I know
train_labels_batch:    tf.Tensor([1 1 1 1 1 0 1 1 0], shape=(10,), dtype=int64)
```

图 14.2　IMDB 数据集前 10 个样本和对应标签

14.3 构建模型解决 IMDB 数据集分类问题

神经网络由堆叠的层（输入层、隐含层、输出层）构建，它需要从 3 个主要方面来进行体系结构决策。

- 如何表示影评评论文本？
- 模型里具体有多少层？
- 模型中每个层里包含有多少隐层单元？

本示例中，输入数据由句子组成（输入层）。预测的标签为 0 或 1（输出层）。

这里采用的表示文本的一种方式是将句子转换为嵌入向量（Embeddings Vectors）。可以使用一个预先训练好的文本嵌入（Text Embedding）作为首层，它具有 3 个优点：

- 不必担心文本预处理。
- 可以从迁移学习中受益。
- 嵌入具有固定长度，更易于处理。

在处理文字、自然语言处理领域的深度学习实践中，常常会遇到 Embedding 层作为对语言处理的第一层，那么它有什作用呢？Keras 中文文档中的简略介绍是将正整数（索引值）转换为固定尺寸的稠密向量。如[[4], [20]] -> [[0.25, 0.1], [0.6, -0.2]]。我们使用嵌入层有如下的考量。

1）当在自然语言处理（NLP）中遇到一个词汇量很大的字典时，不同于简单的分类任务（可以用 One-hot 编码方法对较少的分类目标编码），我们再使用 One-hot 编码方法得到的向量维度会很高（等同于字典的大小）且极其稀疏（仅有一位非零），导致效率很低。One-hot 编码示意如图 14.3 所示。

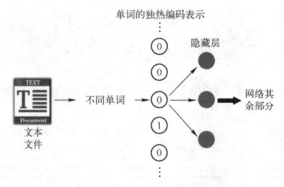

图 14.3 One-hot 编码示意

2）嵌入层在神经网络模型的训练中，嵌入的向量会不断发生变化以适应训练数据。将单词投射到多维向量（而向量之间不像 One-hot 编码那样相互正交，不分享相似性），有助于我们发现多维空间字典中单词的相关性，可以可视化词语之间的关系（语义相近或相关的距离近，其他的距离远），降维后的可视化示例如图 14.4 所示。

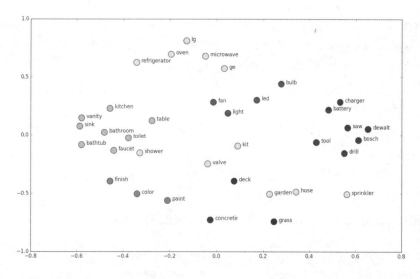

图 14.4　word-vector 示意图

如果想要更加具体的话，我们可以举出 *Embedding and Tokenizer in Keras* 博客中的简单例子，来具体看看 Embedding Layer 对一个句子做了怎样的处理。用 deep learning is very deep 这一句做示范，使用嵌入层 embedding 的第一步是通过索引对该句子进行编码，这里给每一个不同的句子分配一个索引，句子就会变成："1 2 3 4 1"。接下来会创建嵌入矩阵，我们要决定每一个索引需要分配多少个"潜在因子"，它意味着我们想要多长的向量。为了保持句子可读性，这里为每个索引指定 6 个潜在因子。嵌入矩阵就会变成这样如图 14.5 所示。

Indices	Latent Factors					
1	.32	.02	.48	.21	.56	.15
2	.65	.23	.41	.57	.03	.92
3	.45	.87	.89	.45	.12	.01
4	.65	.21	.25	.45	.78	.82

图 14.5　嵌入矩阵具体形式

可以注意到，通过这样，我们使用了更为紧凑的嵌入矩阵而非庞大稀疏的 One-hot 编码向量，从而保持了向量的简洁。简而言之，嵌入层 embedding 是把单词 deep 用向量 [.32,.02,.48,.21,.56,.15] 表达。相比于 One-hot 的每一个单词都会被一个具有整个字典维度的单位向量代替，Embedding 方法是将单词替换为用于查找嵌入矩阵中向量的索引。不仅如此，这种方法对大数据也可有效计算。由于在深度神经网络的训练过程中嵌入向量也会被更新，所以我们可以探索在高维空间中哪些词语之间具有彼此相似性，再通过使用 t-SNE 类似的降维技术将这些相似性可视化。

针对此示例我们将使用 TensorFlow Hub 中名为<google/tf2-preview/gnews-swivel-20dim/1>的一种预训练文本嵌入（Text Embedding）模型。

为了达到影评评论分类的目的，还有其他 3 种预训练模型可供测试：

Python 深度学习

- <google/tf2-preview/gnews-swivel-20dim-with-oov/1>：类似<google/tf2-preview/gnews-swivel-20dim/1>，但 2.5%的词汇转换为未登录词桶（OOV Buckets）。如果任务的词汇与模型的词汇没有完全重叠，这将会有所帮助。
- <google/tf2-preview/nnlm-en-dim50/1>：一个拥有约 1MB 词汇量且维度为 50 的更大的模型。
- <google/tf2-preview/nnlm-en-dim128/1>：拥有约 1MB 词汇量且维度为 128 甚至更大的模型。

我们首先创建一个使用 TensorFlow Hub 模型嵌入（Embed）语句的 Keras 层，并在几个输入样本中进行尝试。请注意无论输入文本的长度如何，嵌入（Embeddings）输出的形状都是(num_examples, embedding_dimension)，在此例 embedding dimension=20。

```
1. embedding = "https://hub.TensorFlow.google.cn/google/tf2-preview/gnews-
   swivel-20dim/1"
2. hub_layer = hub.KerasLayer(embedding, input_shape=[],
3.                             dtype=tf.string, trainable=True)
4. print(hub_layer(train_examples_batch[:3]))
```

结果如下面所示，注意到 shape = (3,20)：

```
1.  # Results
2.  tf.Tensor(
3.  [[ 3.9819887   -4.4838037    5.177359    -2.3643482   -3.2938678   -3.5364532
4.   -2.4786978    2.5525482    6.688532    -2.3076782   -1.9807833    1.1315885
5.   -3.0339816   -0.7604128   -5.743445     3.4242578    4.790099    -4.03061
6.   -5.992149    -1.7297493 ]
7.   [ 3.4232912   -4.230874     4.1488533   -0.29553518  -6.802391    -2.5163853
8.   -4.4002395    1.905792     4.7512794   -0.40538004  -4.3401685    1.0361497
9.    0.9744097    0.71507156  -6.2657013    0.16533905   4.560262    -1.3106939
10.  -3.1121316   -2.1338716 ]
11.  [ 3.8508697   -5.003031     4.8700504   -0.04324996  -5.893603    -5.2983093
12.  -4.004676     4.1236343    6.267754     0.11632943  -3.5934832    0.8023905
13.   0.56146765   0.9192484   -7.3066816    2.8202746    6.2000837   -3.5709393
14.  -4.564525    -2.305622 ]], shape=(3, 20), dtype=float32)
```

接下来构建完整模型：

```
1. model = tf.keras.Sequential()
2. model.add(hub_layer)
3. model.add(tf.keras.layers.Dense(16, activation='relu'))
4. model.add(tf.keras.layers.Dense(1, activation='sigmoid'))
5.
6. model.summary()
```

运行结果（模型概况——model.summary()）显示如下。

```
1.  Model: "sequential"
2.  _____
3.  Layer (type)                 Output Shape              Param #
4.  ================================================================
5.  keras_layer (KerasLayer)     (None, 20)                400020
6.  _____
7.  dense (Dense)                (None, 16)                336
8.  _____
9.  dense_1 (Dense)              (None, 1)                 17
10. ================================================================
11. Total params: 400,373
12. Trainable params: 400,373
13. Non-trainable params: 0
14. _____
```

我们以神经网络的具体形式为层按顺序堆叠以构建分类器：

1）第一层是 TensorFlow Hub 层。这一层使用一个预训练保存模型将句子映射为嵌入向量（Embedding Vector）。我们所使用的预训练文本嵌入（Embedding）模型（google/tf2-preview/gnews-swivel-20dim/1）将句子切割为符号，嵌入（Embed）每个符号然后进行合并。最终得到的维度是（num_examples, embedding_dimension）。

2）该定长输出向量通过一个有 16 个隐层单元的全连接层（Dense）进行管道传输。

3）最后一层与单个输出结点紧密相连。使用 Sigmoid 激活函数，其函数值为介于 0 与 1 之间的浮点数，表示概率或置信水平。

接下来我们对定义好的模型进行编译，需要做的是选择损失函数和优化器。

一个模型需要损失函数和优化器来进行训练。由于这是一个二分类问题且模型输出概率值（一个使用 Sigmoid 激活函数的单一单元），我们将使用 binary_crossentropy 损失函数。但这并不是损失函数的唯一选择，如可以选择 mean_squared_error。但是，binary_crossentropy 更适合处理概率——它能够度量概率分布之间的"距离"，在示例中是指度量 ground-truth 分布与预测值之间的"距离"。而当我们研究回归问题（如预测房价）时，将介绍如何使用另一种叫作均方误差的损失函数。

现在，配置模型来使用优化器和损失函数：

```
1. model.compile(optimizer='adam', loss='binary_crossentropy', metrics=['accuracy'])
```

我们将以 512 个样本的 mini-batch 大小迭代 20 个 epoch 来训练模型。它是对 x_train 和 y_train 张量中所有样本的 20 次迭代。与此同时，在训练过程中，我们将监测来自验证集的 10000 个样本上的损失值（Loss）和准确率（Accuracy）：

```
1. history = model.fit(train_data.shuffle(10000).batch(512), epochs=20,
2.                  validation_data=validation_data.batch(512), verbose=1)
```

```
1. Epoch 1/20
2. 30/30 [==============================] - 5s 153ms/step - loss: 0.9062 - accuracy:
   0.4985 - val_loss: 0.0000e+00 - val_accuracy: 0.0
3. Epoch 2/20
4. 30/30 [==============================] - 4s 117ms/step - loss: 0.7007 - accuracy:
0.5625 - val_loss: 0.6692 - val_accuracy: 0.6029
5. Epoch 3/20
6. 30/30 [==============================] - 4s 117ms/step - loss: 0.6486 - accuracy:
   0.6379 - val_loss: 0.6304 - val_accuracy: 0.6543
7. Epoch 4/20
8. 30/30 [==============================] - 4s 117ms/step - loss: 0.6113 - accuracy:
   0.6866 - val_loss: 0.5943 - val_accuracy: 0.6966
9. Epoch 5/20
10. 30/30 [==============================] - 3s 114ms/step - loss: 0.5764 - accuracy:
    0.7176 - val_loss: 0.5650 - val_accuracy: 0.7201
11. Epoch 6/20
12. 30/30 [==============================] - 3s 109ms/step - loss: 0.5435 - accuracy:
    0.7447 - val_loss: 0.5373 - val_accuracy: 0.7424
13. Epoch 7/20
14. 30/30 [==============================] - 3s 110ms/step - loss: 0.5132 - accuracy:
    0.7723 - val_loss: 0.5080 - val_accuracy: 0.7667
15. Epoch 8/20
16. 30/30 [==============================] - 3s 110ms/step - loss: 0.4784 - accuracy:
    0.7943 - val_loss: 0.4790 - val_accuracy: 0.7833
17. Epoch 9/20
18. 30/30 [==============================] - 3s 110ms/step - loss: 0.4440 - accuracy:
    0.8172 - val_loss: 0.4481 - val_accuracy: 0.8054
19. Epoch 10/20
20. 30/30 [==============================] - 3s 112ms/step - loss: 0.4122 - accuracy:
    0.8362 - val_loss: 0.4204 - val_accuracy: 0.8196
21. Epoch 11/20
22. 30/30 [==============================] - 3s 110ms/step - loss: 0.3757 - accuracy:
    0.8534 - val_loss: 0.3978 - val_accuracy: 0.8290
23. Epoch 12/20
24. 30/30 [==============================] - 3s 111ms/step - loss: 0.3449 - accuracy:
    0.8685 - val_loss: 0.3736 - val_accuracy: 0.8413
25. Epoch 13/20
26. 30/30 [==============================] - 3s 109ms/step - loss: 0.3188 - accuracy:
    0.8798 - val_loss: 0.3570 - val_accuracy: 0.8465
27. Epoch 14/20
28. 30/30 [==============================] - 3s 110ms/step - loss: 0.2934 - accuracy:
```

```
     0.8893 - val_loss: 0.3405 - val_accuracy: 0.8549
29. Epoch 15/20
30. 30/30 [==============================] - 3s 109ms/step - loss: 0.2726 - accuracy:
     0.9003 - val_loss: 0.3283 - val_accuracy: 0.8611
31. Epoch 16/20
32. 30/30 [==============================] - 3s 111ms/step - loss: 0.2530 - accuracy:
     0.9079 - val_loss: 0.3173 - val_accuracy: 0.8648
33. Epoch 17/20
34. 30/30 [==============================] - 3s 113ms/step - loss: 0.2354 - accuracy:
     0.9143 - val_loss: 0.3096 - val_accuracy: 0.8679
35. Epoch 18/20
36. 30/30 [==============================] - 3s 112ms/step - loss: 0.2209 - accuracy:
     0.9229 - val_loss: 0.3038 - val_accuracy: 0.8700
37. Epoch 19/20
38. 30/30 [==============================] - 3s 112ms/step - loss: 0.2037 - accuracy:
     0.9287 - val_loss: 0.2990 - val_accuracy: 0.8736
39. Epoch 20/20
40. 30/30 [==============================] - 3s 109ms/step - loss: 0.1899 - accuracy:
     0.9349 - val_loss: 0.2960 - val_accuracy: 0.8751
```

模型将返回两个值：损失值（一个表示误差的数字，值越低越好）与准确率。

```
1. results = model.evaluate(test_data.batch(512), verbose=2)
2. for name, value in zip(model.metrics_names, results):
3.   print("%s: %.3f" % (name, value))
```

结果如下所示。

```
1. 49/49 - 2s - loss: 0.3163 - accuracy: 0.8651
2. loss: 0.316
3. accuracy: 0.865
```

这种朴素的方法得到了约 87% 的准确率。

14.4　本章小结

在本章中我们学习运用了迁移学习的知识，通过建立一个简单的包含 Embedding Layer 的神经网络结构，完成了 IMDb 数据集这样一个著名的文本二分类数据集任务。从中学习到了迁移学习的概念与优势、如何对词进行编码从而将文本作为输入以及 Embedding Layer 的概念与简单应用等，想要了解更多关于文本的处理方法则需要读者朋友深入自然语言处理领域学习。

第 15 章　使用 PyTorch 实现图像超分辨

图像超分辨（Image Super-Resolution）指的是从低分辨率的图像中重建出高分辨率的图像，要求重建后的高分辨率图像要尽可能真实。传统方法可能利用插值等来实现重建，近年来研究者提出了多种深度学习网络进行低分图像的重建，并取得了很好的效果。图像超分辨属于计算机视觉一大子任务，属于 Low Level 的任务（相对 High Level 的识别、检测等任务）。

扫码观看本实例视频

在图像超分辨中，低分辨率图像被称为 LR 图像，高分辨率图像被称为 HR 图像。常用的数据集通常先收集 HR 图像，然后使用退化模型生成 LR 图像，继而进行训练，随之寻找 LR 到 HR 的映射方式。评价方法通常是 PSNRs（峰值信噪比）、SSIM 等。因为超分是一个不适定的逆问题，所以还是非常具有挑战的一个研究方向，它的应用非常广泛，如智能手机、医学影像、人脸识别、视频监控等。卷积以及残差结构的改进、不同种类的损失、以及对抗生成网络都成为进一步研究的方向。

本样例利用 PyTorch 深度学习框架实现一个基础的超分模型 SRCNN。SRCNN 与传统方法的对比如图 15.1 所示，SRCNN 在 PSNR 值上取得了新高，同时视觉感知上也有很大提高，这标志着深度学习在超分辨的应用成为可能，而 PyTorch 是一个基于 torch 的 Python 开源机器学习库，用于自然语言处理、计算机视觉等深度学习任务。它主要由 Facebook 的人工智能研究小组开发。PyTorch 有两个主要的特点：一是具有强大的 GPU 加速的张量计算（如 NumPy）；二是包含自动求导系统的深度神经网络。本章样例旨在通过构建一个简单的深度学习模型并训练，让读者了解到 PyTorch 的使用方法。

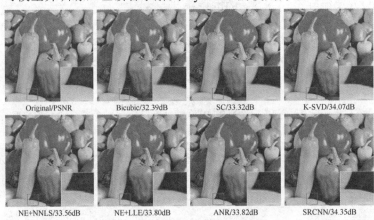

图 15.1　SRCNN 与传统方法的对比

15.1 SRCNN 介绍

SRCNN 是 DongChao 等于 2014 年提出的模型，提出该模型的论文 *Image Super-Resolution Using Deep Convolutional Networks* 发表在 ECCV 2014 上。这篇论文作为深度学习介入超分领域的开山之作，有很高的学习价值。本小节将简单介绍 SRCNN 的网络结构。

SRCNN 的网络结构如图 15.2 所示。可以看出 SRCNN 是一种端到端的训练方法，即输入低分辨率的图像，输出高分辨率的图像。不过注意一点，SRCNN 的第一步是利用插值将低分辨图像的尺寸放大到高分辨率图像，因此图中的 input image 已经是放大后的低分辨图像。

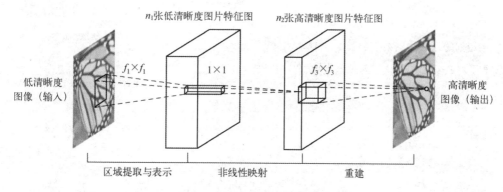

图 15.2　SRCNN 网络结构图

SRCNN 包含 3 个部分，即 3 个简单的卷积层：

- Patch extraction and representation：图像块的提取和特征表示。
- Non-linear mapping：非线性映射。
- Reconstruction：重建。

在论文里，3 个卷积层使用的卷积核大小分别为 9×9、1×1 和 5×5，前两个的输出特征个数分别为 64 和 32。用 Timofte 数据集（包含 91 幅图像）和 ImageNet 大数据集进行训练。使用均方误差（Mean Squared Error, MSE）作为损失函数，有利于获得较高的 PSNR。

本章的代码样例还原了论文中的卷积设置，使用 91 幅图像生成训练用数据集来进行训练，下一节介绍具体实现过程。

15.2 技术方案及核心代码

15.2.1 训练的几个要点

1）训练数据集：论文中某一试验采用 91 张自然图像作为训练数据集，对训练集中的图像先使用双三次差值缩小到低分辨率尺寸，再将其放大到目标尺寸，最后切割成诸多 33×33 图像块作为训练数据，作为标签数据的则为图像中心的 21×21 图像块（与卷积层细节设置相关）。

　　2）损失函数：采用 MSE 函数作为卷积神经网络损失函数。

　　3）卷积层细节设置：第一层卷积核 9×9，得到特征图尺寸为（33-9）/1+1=25，第二层卷积核1×1，得到特征图尺寸不变，第三层卷积核5×5，得到特征图尺寸为（25-5）/1+1=21。训练时得到的尺寸为 21×21，因此图像中心的 21×21 图像块作为标签数据（卷积训练时不进行填充）。

　　下面展示项目的核心代码。

15.2.2　构造数据

```
1.  # 构造训练用的数据集
2.  class TrainDatasetFromFolder(Dataset):
3.      def __init__(self, HR_dir, LR_dir, lr_size=33, hr_size=21, upscale_
        factor=3):
4.          self.lr_size = lr_size
5.          self.hr_size = hr_size
6.          self.s = upscale_factor
7.          self.HRimage_filenames = [join(HR_dir, x) for x in listdir(HR_dir)
            if is_image_file(x)]
8.          self.LRimage_filenames = [join(LR_dir, x) for x in listdir(LR_dir)
            if is_image_file(x)]
9.
10.     def __getitem__(self, index):
11.         hr_image = Image.open(self.HRimage_filenames[index])
12.         lr_image = Image.open(self.LRimage_filenames[index])
13.         w, h = lr_image.size
14.
15.         # SRCNN 的第一步是利用插值将低分辨图像的尺寸放大到高分辨率图像
16.         w = self.s * w
17.         h = self.s * h
18.         lr_image = lr_image.resize((w, h), Image.BICUBIC)
19.
20.         # 为了增加数据量，对原始的图片进行切块处理，输入数据切割成诸多 33x33 图像块
            作为训练数据
21.         # 作为标签数据的则为图像中心的 21x21 的图像块（与卷积层细节设置有关）
22.         p = int(self.lr_size/2)
23.         x1 = random.randint(int(p), int(w - p))
```

```
24.        y1 = random.randint(int(p), int(h - p))
25.        # 在插值后的 lr_image 上随机选取一块 33x33 的块
26.        LRsub_pix = lr_image.crop((x1-p, y1-p, x1+p+1, y1+p+1))
27.        p2 = int(self.hr_size/2)
28.        # 在 hr_image 上随机选取一块 21x21 的块
29.        HRsub_pix = hr_image.crop((x1-p2, y1-p2, x1+p2+1, y1+p2+1))
30.        return ToTensor()(LRsub_pix), ToTensor()(HRsub_pix)
31.    def __len__(self):
32.        return len(self.HRimage_filenames)
```

图像超分辨的过程是利用某种手段使低分辨率图像转换为高分辨率图像，以达到很好图片效果的过程。在实例中，用到的是深度学习的方法，因此需要进行端到端的训练，此时需要有带有标签的数据集（http://www.ifp.illinois.edu/~jyang29/codes/ScSR.rar）来进行训练。一组数据就是一张低分辨率图像和一张对应的高分辨率图像。

在实际训练中，得到训练数据的方法通常是通过对高分辨率图像进行模糊或者插值来得到低分辨率图像，然后进行训练。因为现实中，很难找到一对一的低分图像和超分图像。

15.2.3 构建 SRCNN 的结构

```
1. class SRCNN(nn.Module):
2.     def __init__(self, IN_channel=3):
3.         super(SRCNN, self).__init__()
4.         self.main = nn.Sequential(
5.             nn.Conv2d(in_channels=IN_channel, out_channels=64, kernel_size=9, stride=1, bias=True),
6.             nn.ReLU(inplace=True),
7.             nn.Conv2d(in_channels=64, out_channels=32, kernel_size=1, stride=1, bias=True),
8.             nn.ReLU(inplace=True),
9.             nn.Conv2d(in_channels=32, out_channels=3, kernel_size=5, stride=1, bias=True),
10.        )
11.
12.     def forward(self, input):
13.         output = self.main(input)
14.         return output
```

这段代码的主要用途是构建 SRCNN 的模型架构。可以看出，SRCNN 的模型比较简单，只有3层卷积神经网络，前两层后面接了 ReLU 作为激活函数。

15.2.4　训练模型

```
1.    # 利用 data_utils.py 中的 TrainDatasetFromFolder 生成 torch 可用的数据集
2.    train_set = TrainDatasetFromFolder(args.HRdir, args.LRdir, upscale_
      factor=3)
3.    # torch 的 dataloader 进行数据进一步构造，调整 batch_size
4.    train_loader = DataLoader(dataset=train_set, num_workers=4, batch_
      size=args.batchSize, shuffle=True)
5.
6.    # 创建模型、损失函数、优化方法
7.    model = SRCNN(3).to(DEVICE)
8.    criterion = nn.MSELoss()
9.    optimizer = optim.SGD(model.parameters(), lr=args.lr)
10.
11.    # 进行训练
12.    for e in range(args.nepho):
13.        for i, (data, target) in enumerate(train_loader):
14.            data, target = data.to(DEVICE), target.to(DEVICE)
15.            predict = model(data)
16.            loss = criterion(predict, target)
17.            loss.backward()
18.            optimizer.step()
19.            print(loss.data.item())
```

　　上面的 py 文件是主文件，是整个项目的入口。调用了之前的构造数据模块和搭建模型模块，然后进行训练。

　　图 15.3 显示了项目结构图，HRDataSet 存放了 Timofte 数据集（包含 91 幅图像），LRDataSet 是脚本生成的低分辨图像数据集，data_utils.py 存放了生成训练数据集的相关代码，network.py 存放的是构建 SRCNN 结构的代码，train.py 作为整个项目的入口，启动了训练过程。具体代码见本书附赠资源。

图 15.3　项目结构图

15.3　本章小结

　　本章通过构建一个经典的图片超分辨框架——SRCNN，向读者介绍了 PyTorch 深度学习包的基本使用以及如何构建深度学习的训练过程。相信读者通过本章对 PyTorch 的使用有了初步认识，同时也对超分辨这一问题有了理解，有兴趣的读者可以查阅这方面的更多材料。

第 16 章　使用 Keras 搭建人工神经网络来生成原创音乐

人工智能是近年来十分火热的计算机学科分支，而最近的人工智能热潮则与深度神经网络的惊人应用密切相关。神经网络正改善着我们生活的方方面面：可以为我们推荐可能感兴趣的商品，可以根据作者的写作风格生成文本，甚至可以用来改变图像的艺术风格。Python 编程语言因为其自身的简洁性和易用性受到了人工智能相关社区的广泛青睐，著名的 TensorFlow、Pytorch、Keras 等用于搭建神经网络的工具都为 Python 提供了强大的支持。本章将介绍如何使用 Keras 库在 Python 中使用循环神经网络生成原创音乐，并用一个有趣例子揭开人工智能的面纱。

扫码观看本实例
视频

16.1　样例背景介绍

16.1.1　循环神经网络

循环神经网络（RNN）是一类常用于处理序列信息的人工神经网络。之所以被称为"循环"，是因为它们对序列的每个元素执行相同的功能，同时处理每个元素的结果也与先前元素的计算结果有关。而传统神经网络中每个元素的运算结果是完全独立于先前计算的。

在本章中，将使用长期短期记忆（LSTM）网络。它是循环神经网络最负盛名的变种之一。由于使用了门控机制，LSTM 特别适合于处理和预测时间序列中间隔和延迟非常长的重要事件，对于解决网络必须长时间记住信息的问题表现十分出众，音乐和文本生成就是一个十分典型的场景。

16.1.2　Music21

Music21是一个用计算机来辅助音乐研究的 Python 工具包。可以用来阐释一些音乐理论的基础知识，生成音乐示例和学习音乐。该工具包提供了一个简单的接口来获取 MIDI 文件的乐谱。此外，它允许读者创建 Note 和 Chord 对象，以便轻松制作自己的 MIDI 文件。

在本节中，将使用 Music21 提取数据集的内容并在获取到神经网络的输出后将其转换为乐谱。

16.1.3　Keras

Keras是一个高度抽象和简化的神经网络 API，它极大地方便了与TensorFlow的交互，能够快速实验是这个工具库的主要目标。

在本文中，将使用 Keras 库来创建和训练 LSTM 模型。一旦模型被训练好之后，将使用它生成新音乐的乐符。

16.2　项目结构设计

本章为读者介绍的音乐生成项目有着十分经典的数据科学的学科特点，如数据驱动理念、允许快速验证迭代、可扩展性强等。本章将为读者梳理此类型项目的通用流程，主要包括实验环境准备、数据初步分析、搭建数据预处理流程、设计并实现模型、验证模型效果并尝试迭代改进等一系列必需的步骤，以期帮助读者理解项目的发展脉络，尽快将所学应用到实践中。

在代码结构方面，本章力求尽量精简地为读者们呈现深度学习项目的必备要素，将训练模型和验证模型两部分划分为两个不同的代码文件，并按顺序进行介绍。其中，在训练部分，本章将详细介绍数据的预处理流程，并对深度学习的一些基本概念结合实例与示意图进行讲解，一步一步带领读者构建出完整的项目代码。验证部分会带领读者对模型的结果做一个基本的分析，并尝试提出下一步可供改进和尝试的方向供读者自行探索。

16.3　实践步骤

16.3.1　搭建实验环境

本章所有代码都在 Python 3.6 环境中进行了验证，读者搭建好 Python 环境后，需要安装本章项目所需要的依赖包，如下代码清单所示，读者可以通过 pip 安装这些依赖，或者将下列清单拷贝到文本文件中，并通过 pip install -r <文本文件名>命令批量安装这些依赖。

```
1. h5py==2.10.0
2. Keras==2.3.1
3. Keras-Applications==1.0.8
4. Keras-Preprocessing==1.1.0
5. music21==5.7.0
6. numpy==1.17.3
```

```
7.  PyYAML==5.1.2
8.  scipy==1.3.1
9.  six==1.12.0
```

16.3.2　观察并分析数据

在本章的样例项目中，为读者提供了许多钢琴音乐片段，这些片段主要来源于经典的 RPG 游戏《最终幻想》。之所以选择《最终幻想》的音乐，是因为其大部分作品都有非常独特和优美的旋律并且片段的数量也很多。读者可以从本书附赠的资料中获得这些片段。当然，任何由单个乐器演奏的 MIDI 乐曲都可以用来训练模型，读者也可以自行调整选择自己喜欢的音乐来源。

实现神经网络的第一步是检查将要使用的数据。

使用 Music21 读取 midi 文件得到的打印结果如下代码所示。

```
1.  <music21.note.Note F>
2.  <music21.chord.Chord A2 E3>
3.  <music21.chord.Chord A2 E3>
4.  <music21.note.Note E>
5.  <music21.chord.Chord B-2 F3>
6.  <music21.note.Note F>
7.  <music21.note.Note G>
8.  <music21.note.Note D>
9.  <music21.chord.Chord B-2 F3>
10. <music21.note.Note F>
11. <music21.chord.Chord B-2 F3>
12. <music21.note.Note E>
13. <music21.chord.Chord B-2 F3>
14. <music21.note.Note D>
15. <music21.chord.Chord B-2 F3>
16. <music21.note.Note E>
17. <music21.chord.Chord A2 E3>
```

可以看到，数据分为两种对象类型：Note和Chord。

Note 对象包含了一个音符的音高（Pitch）、属于哪个八度音程（Octave）和偏移（Offset）的信息。

● 音高：指声音的频率，用字母“A，B，C，D，E，F，G”表示。

● 八度音程：指在钢琴上使用的是哪组音高。

1　http://web.mst.edu/~kosbar/test/ff/fourier/notes_pitchnames.html

● 偏移：指音符位于乐曲中的位置。

和弦（Chord）对象则是指一组同时播放的音符。

为了准确地生成音乐，神经网络必须能够预测乐曲中下一个音符或和弦是什么。这意味着预测种类必须包含训练集中所有不同音符和和弦对象。在本书提供的数据中，不同音符和和弦的总数为 352。读者可能会认为网络预测的可能种类太多了，但读者之后可以看到，LSTM 网络可以很轻松地处理这个任务。

接下来要关心的一点是如何记录输出的音符序列。任何听过音乐的人都会注意到，通常在音符与音符之间会有不同的时间间隔。一首乐曲可以快速急促地演奏许多音符，然后慢慢变得舒缓，单位时间内演奏的音符逐渐减少。

如下代码展示了另外一个使用 Music21 读取的 MIDI 文件的摘录，不过这次额外输出了每一个音符或和弦的偏移量。可以通过偏移量来查看每个音符和和弦之间的间隔。

```
1.  <music21.note.Note B> 72.0
2.  <music21.chord.Chord E3 A3> 72.0
3.  <music21.note.Note A> 72.5
4.  <music21.chord.Chord E3 A3> 72.5
5.  <music21.note.Note E> 73.0
6.  <music21.chord.Chord E3 A3> 73.0
7.  <music21.chord.Chord E3 A3> 73.5
8.  <music21.note.Note E-> 74.0
9.  <music21.chord.Chord F3 A3> 74.0
10. <music21.chord.Chord F3 A3> 74.5
11. <music21.chord.Chord F3 A3> 75.0
```

从这段摘录和其他大部分数据中可以看出，MIDI 文件中音符之间最常见的间隔是 0.5。在这次实践中，可以选择忽略音乐序列中的节奏变化来简化数据和模型。它不会太严重地影响网络产生的音乐的旋律。

16.3.3 数据预处理

通过对数据进行检查，确定了 LSTM 网络输入输出的和弦和音符的数据特征规范，下一步为网络准备训练数据。

首先，将数据加载到数组中，如下代码所示。

```
1. from music21 import converter, instrument, note, chord
2.
3. notes = []
4.     for midi_file in glob.glob("midi_datasets/*.mid"):
5.         midi_parsed = converter.parse(midi_file)
6.
```

```
7.          print("Parsing %s" % midi_file)
8.
9.          notes_or_chords_to_parse = None
10.
11.      try: # 文件中有多个乐器
12.          s2 = instrument.partitionByInstrument(midi_parsed)
13.          notes_or_chords_to_parse = s2.parts[0].recurse()
14.      except: # 文件中为单一乐器
15.          notes_or_chords_to_parse = midi_parsed.flat.notes
16.
17.      for element in notes_or_chords_to_parse:
18.          if isinstance(element, note.Note):
19.              notes.append(str(element.pitch))
20.          elif isinstance(element, chord.Chord):
21.              notes.append('.'.join(str(n) for n in element.normalOrder))
22.
```

然后使用 converter.parse(file)函数将每个文件加载到 Music21 流对象中。使用该流对象可以获取到文件中所有音符和和弦的列表。用不同的字符表示不同的音符的音高，并用和弦中每个音符的 id 编码拼合成的字符串来代表一个和弦（音符与音符间用点分隔）。这样的编码方式能够轻松地将网络生成的输出解码为正确的音符和和弦。

将所有音符和和弦放入了顺序列表之后，下一步是创建用作网络输入的序列。

如图 16.1 所示，当从分类数据转换为数值数据时，数据将转换为整数索引，表示类别在不同值集合中的位置。如 apple 是第一个不同的值，因此它映射到 0，orange 是第二个不同的值，因此它映射到 1，pineapple 是第三个不同的值，因此它映射到 2，依此类推。

["apple", "orange", "apple", "pineapple", "banana", "orange"]

映射函数

[0, 1, 0, 2, 3, 1]

图 16.1　映射函数示例

首先，创建一个映射函数，以便从基于字符串的分类数据映射到基于整数的数值数据。这样做是因为基于整数的数值数据神经网络比基于字符串的分类数据表现更好。在图 16.1 中可以看到分类到数值转换的示例。

接着必须为网络构建训练用的输入序列输出。每个输入对应的输出就是列表中的下一个音符或和弦。

如下代码所示，将每个序列的长度设置为 100 个音符/和弦。意味着为了预测序列中的下一个音符，网络需要输入前 100 个音符进行预测。在这里建议尝试使用不同的序列长度训练网络，这样可以观察到不同序列长度对网络生成的音乐的影响。

数据准备的最后一步是规范化输入和对输出进行独热（one-hot）编码。

```
1.  sequence_length = 100
2.
3.  # 计算所有乐符的名称列表
4.  pitchnames = sorted(set(item for item in notes))
5.
6.  # 创建一个字典来从乐符名映射到整数
7.  note_pitch_to_int = {note:number for number, note in enumerate(pitchnames)}
8.
9.  network_input = []
10. network_output = []
11.
12. # 创建相应的输入输出序列
13. for i in range(0, len(notes) - sequence_length, 1):
14.     sequence_in = notes[i:i + sequence_length]
15.     sequence_out = notes[i + sequence_length]
16.     network_input.append([note_pitch_to_int[char] for char in sequence_in])
17.     network_output.append(note_pitch_to_int[sequence_out])
18.
19. n_patterns = len(network_input)
20.
21. # 使输入维度适合神经网络的要求
22. network_input = numpy.reshape(network_input, (n_patterns, sequence_length, 1))
23. # 归一化输入
24. network_input = network_input / float(n_vocab)
25.
26. network_output = np_utils.to_categorical(network_output)
```

16.3.4　模型构建

最后，开始设计模型架构。在模型中主要使用了4种不同类型的神经网络层：

- LSTM层：是一个循环神经网络层，它将序列作为输入，可以返回序列（return_sequences = True）或矩阵。
- Dropout层：是一种正则化技术，在训练期间每次更新时将一小部分输入单位设置为0，以防止过度拟合。0所占的比例由Dropout层的超参数确定。
- 全连接层（Dense Layer）：是完全连接的神经网络层，每个输入节点与每个输出节点都通过相应的权值连接在一起。
- 激活层：确定了神经网络将用于计算节点输出的激活函数。

现在已有了一些若干神经网络层的信息，是时候将它们添加到网络模型中了。如下代码展示了通过代码构建整个模型的过程。

```
1.    model = Sequential()
2.    model.add(LSTM(
3.        256,
4.        input_shape=(network_input.shape[1], network_input.shape[2]),
5.        return_sequences=True
6.    ))
7.    model.add(Dropout(0.3))
8.    model.add(LSTM(512, return_sequences=True))
9.    model.add(Dropout(0.3))
10.   model.add(LSTM(256))
11.   model.add(Dense(256))
12.   model.add(Dropout(0.3))
13.   model.add(Dense(n_vocab))
14.   model.add(Activation('softmax'))
15.   model.compile(loss='categorical_crossentropy', optimizer='rmsprop')
```

对于每个 LSTM 的全连接层和激活层，第一个参数是该层应具有的神经元个数。对于 Dropout 层，第一个参数是在训练期间应丢弃的输入单位的比例。

神经网络的第一层必须提供一个名为 input_shape 的参数。这个参数的目的是设定网络将要接收到的数据的维度。

最后一层应始终包含与系统预期输出的不同结果种类数量相同的神经元点数量。这可以确保网络的输出能够直接映射到结果类别。

在本节中，将使用一个由 3 个 LSTM 层、3 个 Dropout 层、两个全连接层和一个激活层组成的简单网络。也建议读者们自行调整网络的结构，看看是否可以提高预测的质量。

为了计算每次训练迭代的损失，将使用分类交叉熵作为损失函数，因为每个输出都只属于一个类别，而且可能的结果种类数远不止两个。为了优化网络，将使用 RMSprop 优化器，它是优化循环神经网络的一个非常好的选择。

一旦确定网络结构，就可以准备开始训练了，如下代码展示了这个过程。Keras 中的 model.fit() 函数用于训练网络。第一个参数是之前准备的输入序列列表，第二个参数是它们所对应输出的列表。在本节中，将训练网络 200 个 Epoch（迭代），网络每次迭代所计算的 batch（批次）包含 64 个样本。

为了确保可以在任何时间点暂停训练而不至于前功尽弃，需要使用模型检查点（Checkpoint），它提供了一种在每个 Epoch 之后将网络结点的权重保存到文件的方法。能够在损失值满足一定条件时停止运行神经网络，而不用担心丢掉它训练的权重。否则，要等网络完成所有 200 个 Epoch 的训练之后才能将权重保存到文件中。

```
1.    filepath = "weights-{epoch:02d}-{loss:.4f}.hdf5"
```

```
2.     checkpoint = ModelCheckpoint(
3.         filepath,
4.         monitor='loss',
5.         verbose=0,
6.         save_best_only=True,
7.         mode='min'
8.     )
9.     callbacks_list = [checkpoint]
10.
11.     model.fit(network_input, network_output, epochs=200, batch_size=64,
        callbacks=callbacks_list)
```

16.3.5 生成音乐

为了能够使用神经网络生成音乐，必须将模型配置到与训练完毕时相同的状态。简言之，就是将重用训练部分中的代码来准备数据并用与以前相同的方式设置网络模型。但与训练时不同，生成时将直接把之前保存的权重加载到模型中。如下代码展示了如何配置模型并加载预训练的权重。

```
1. model = Sequential()
2. model.add(LSTM(
3.     512,
4.     input_shape=(network_input.shape[1], network_input.shape[2]),
5.     return_sequences=True
6. ))
7. model.add(Dropout(0.3))
8. model.add(LSTM(512, return_sequences=True))
9. model.add(Dropout(0.3))
10. model.add(LSTM(512))
11. model.add(Dense(256))
12. model.add(Dropout(0.3))
13. model.add(Dense(n_vocab))
14. model.add(Activation('softmax'))
15. model.compile(loss='categorical_crossentropy', optimizer='rmsprop')# 将权重
    加载到每个结点
16. model.load_weights('weights.hdf5')
```

由于之前已经有了一个完整的乐曲音符序列，这里将在序列中选择一个随机的位置作为起点，这样每次重新运行生成代码无须改变任何内容就可以得到不同的结果。当然，如果要控制起点的位置，只要使用命令行参数替换随机函数就可以了。

在这里，还需要创建一个映射函数来解码网络的输出。这个函数将把网络输出的数值

数据映射到分类数据（从整数到音符），如下代码所示。

```
1.  start = numpy.random.randint(0, len(network_input)-1)
2.  int_to_note = dict((number, note) for number, note in enumerate(pitchnames))
3.  pattern = network_input[start]
4.  prediction_output = []
5.
6.  # 生成 500 个乐符
7.      for note_index in range(500):
8.          prediction_input = numpy.reshape(pattern, (1, len(pattern), 1))
9.          prediction_input = prediction_input / float(n_vocab)
10.
11.         prediction = model.predict(prediction_input, verbose=0)
12.
13.         index = numpy.argmax(prediction)
14.         result = int_to_note_pitch[index]
15.         prediction_output.append(result)
16.
17.         pattern.append(index)
18.         pattern = pattern[1:len(pattern)]
```

让网络生成 500 个音符，大概是两分钟的音乐，这个长度给网络提供了足够的空间"进行创作"。想要生成一个音符，必须向模型输入一个序列。提交的第一个序列是起始位置处开始的音符串。对于之后的生成过程，将删除输入序列的第一个音符，并在序列的末尾插入前一次迭代的输出，如图 16.2 所示，一个输入序列是 ABCDE。模型相应的输出是 F。下一次迭代时，删除输入序列中的 A 并将 F 附加到序列末尾。一直重复即可得到整个乐曲旋律。

为了从网络输出中确定可能性最高的预测，需要获得最大值所对应的索引。输出数组中索引 X 处的值对应于 X 是下一个音符的概率。图 16.3 展示了网络的原始输出和相对应音符类之间的映射。可以看到下一个值概率最高的是 D，所以选择 D 作为最可能的音符。

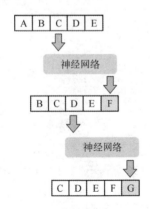

图 16.2 音符序列生成过程

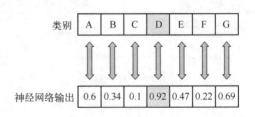

图 16.3 原始输出与音符类别的映射关系

　　将网络中的所有输出收集到一个列表中，就能得到一个音符和和弦的编码序列，下一步将开始解码它们并创建一个 Note 和 Chord 对象的数组。

　　首先，必须确定正在解码的输出是 Note 还是 Chord。如果是 Chord，则需要将字符串分成一组音符。然后遍历每个音符的字符串表示，并为每个音符创建一个 Note 对象。最后创建一个包含这些音符的 Chord 对象。如果是 Note，应将相应音高的字符表示转换成对应的 Note 对象。

　　在每次迭代结束时，将偏移量增加 0.5（在上一节中确定的默认节奏），并将创建的 Note / Chord 对象附加到列表中。详细实现方法如下代码所示。

```
1.  offset = 0
2.  output_notes = []
3.
4.  # 根据模型的预测值生成音符和和弦对象
5.  for pattern in prediction_output:
6.      # 预测值是和弦的情况
7.      if ('.' in pattern) or pattern.isdigit():
8.          notes_in_chord = pattern.split('.')
9.          notes = []
10.         for current_note in notes_in_chord:
11.             new_note = note.Note(int(current_note))
12.             new_note.storedInstrument = instrument.Piano()
13.             notes.append(new_note)
14.         new_chord = chord.Chord(notes)
15.         new_chord.offset = offset
16.         output_notes.append(new_chord)
17.     # 预测值是音符的情况
18.     else:
19.         new_note = note.Note(pattern)
20.         new_note.offset = offset
21.         new_note.storedInstrument = instrument.Piano()
22.         output_notes.append(new_note)
23.     # 每次迭代增加 0.5 的偏移量
24.     offset += 0.5
```

　　到这一步，已经成功获得了神经网络模型生成的 Notes 和 Chord 列表，接下来可以使用这个列表作为参数创建一个 Music21 Stream 对象。最后创建一个 MIDI 文件存储生成的音乐，并使用 Music21 工具包中的 write 函数将流写入文件。如下代码所示。

```
1.  代码清单 16-8
2.  midi_stream = stream.Stream(output_notes)midi_stream.write('midi', fp='test_
    output.mid')
```

16.4　成果检验

图 16.4 用乐谱的形式展示了生成的音乐，试听一下这些生成的片段，可以发现这个相对简单的网络所产生的结果仍然十分惊艳。快速浏览一下，可以看到它有一些内在的结构。

图 16.4　LSTM 网络生成的乐谱示例

对音乐有所了解并且能够阅读乐谱的读者可能会注意到乐谱的一些位置散布着一些奇怪的音符。显然神经网络还无法创造完美的旋律。目前生成的音乐总会有一些错误的音符，为了能够取得更好的结果，可能需要一个更大的网络，这里留给读者自行探索。

通过使用简单的 LSTM 网络来预测 352 种不同的乐符，取得了显著的成果和优美的旋律。下面为读者提示一些可以改进的地方，供大家自行探索。

首先，目前的方法不支持可变的音符持续时间和音符时间间隔，简言之，不支持节奏变化。为了实现这一点，可以将不同的持续时间的音符或和弦作为新的类，并添加表示音符之间的休止时间的休止符。如果通过添加更多类来满足上述要求，还必须增加 LSTM 网络的深度，这将需要功能更强大的算力。

其次，可以为片段添加开头和结尾。由于网络现在没有区分不同乐段的功能，即网络不知道哪里该是一个片段的结束、哪里又该是一个片段的开始。添加开头和结尾进行训练将允许网络从头到尾生成一个片段,而不像现在那样突然结束生成过程。

第三,添加处理未知音符的方法。如果网络遇到它不能识别的音符就会直接抛出错误,解决这个问题的其中一种办法是找到与未知音符最相似的音符或和弦作为输出结果。

最后,可以向数据集添加更多种不同的乐器。目前网络只支持一种乐器演奏的音乐片段,如果可以丰富乐器的种类,扩展到能支持整个管弦乐队的规模将会更有趣。

16.5　本章小结

本章演示了如何创建 LSTM 神经网络来生成音乐。虽然结果可能并不完美,但它们仍然令人感到震撼与神奇,在不远的将来,或许神经网络不仅可以自动生成音乐,更可以与人类协作,创造难度更高、更优美的音乐作品。

<h1 style="text-align:center">附　　录</h1>

附录 A　PyTorch 环境搭建

A.1　Linux 平台下 PyTorch 环境搭建

以 Ubuntu16.04 为例，简要讲述 PyTorch 在 Linux 系统下的安装过程。Linux 平台下，PyTorch 的安装总共需要 5 个步骤，所有步骤内的详细命令皆已列出，读者按照顺序输入命令即可完成安装。

1. 安装显卡驱动

若要安装 cuda 版本的 PyTorch，且计算机也有独立显卡，则需要更新 Ubuntu 独立显卡驱动。否则即使安装了 cuda 版本的 PyTorch 也无法使用 GPU。

如图 A.1 所示，进入官网https://www.nvidia.com/Download/index.aspx?lang=en-us，查看适合本机显卡的驱动，下载 runfile 文件，如 NVIDIA-Linux-x86_64-384.98.run。

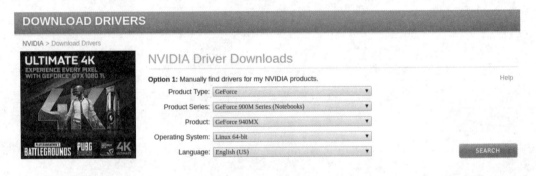

图 A.1　NVIDIA 官网

下载完成后，按〈Ctrl + Alt + F1〉组合键到控制台，关闭当前图形环境，对应命令如下。

```
sudo service lightdm stop
```

卸载可能存在的旧版本 NVIDIA 驱动，对应命令如下。

```
sudo apt-get remove --purge nvidia
```

安装驱动可能需要的依赖，对应命令如下。

```
sudo apt-get update
sudo apt-get install dkms build-essential linux-headers-generic
```

把 nouveau 驱动加入黑名单并禁用 nouveau 内核模块，对应命令如下。

```
sudo nano /etc/modprobe.d/blacklist-nouveau.conf
```

在文件 blacklist-nouveau.conf 中加入如下内容，对应命令如下。

```
blacklist nouveau
options nouveau modeset=0
```

保存、退出并执行，对应命令如下。

```
sudo update-initramfs -u
```

重启，对应命令如下。

```
Reboot
```

重启后再次进入字符终端界面（按〈Ctrl + Alt + F1〉组合键），并关闭图形界面，对应命令如下。

```
sudo service lightdm stop
```

进入之前 NVIDIA 驱动文件的下载目录，安装驱动，对应命令如下。

```
sudo chmod u+x NVIDIA-Linux-x86_64-384.98.run
sudo ./NVIDIA-Linux-x86_64-384.98.run -no-opengl-files
```

-no-opengl-files 表示只安装驱动文件，不安装 OpenGL 文件。这个参数不可忽略，否则会导致登录界面死循环。

最后重新启动图形环境，对应命令如下。

```
sudo service lightdm start
```

通过以下命令确认驱动是否正确安装，对应命令如下。

```
cat /proc/driver/nvidia/version
```

至此，NVIDIA 显卡驱动安装成功。

2. PyTorch 安装

进入 PyTorch 官网 https://pytorch.org/。

如图 A.2 所示，根据 CUDA 和 Python 的版本以及平台系统等找到适合 PyTorch 的版本，之后会自动提示 Run this command 命令指令，将指令复制到命令行进行安装。

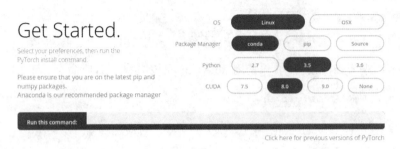

图 A.2　PyTorch 官网

3．安装 torchvision

安装好 PyTorch 后，还需要安装 torchvision。torchvision 中主要集成了一些数据集、深度学习模型和一些转换等，在使用 PyTorch 的过程中是不可缺少的部分。

安装 torchvision 比较简单，可直接使用 pip 命令安装。

```
pip install torchvision
```

4．更新 NumPy

安装成功 PyTorch 和 torchvision 后，打开 ipython，输入：

```
import torch
```

此时可能会出现报错的情况，报错信息如下所示。

```
ImportError: numpy.core.multiarray failed to import
```

这是因为 NumPy 的版本需要更新，直接使用 pip 更新 NumPy，对应命令如下。

```
pip install numpy
```

至此，PyTorch 安装成功。

5．测试

输入如图 A.3 所示的命令后，若无报错信息，说明 PyTorch 已经安装成功。输入如图 A.4 所示的命令后，若返回为 True，说明已经可以使用 GPU。

图 A.3　测试命令行截图

```
In [30]: print(torch.cuda.is_available())
True
```

图 A.4　测试命令行截图

A.2　Windows 平台下 PyTorch 环境搭建

从 2018 年 4 月起，PyTorch 官方开始发布 Windows 版本。在此简要讲解在 Windows10 系统下，安装 PyTorch 的步骤。鉴于在前文中已讲述了显卡驱动在 Linux 系统下的配置过程，Windows 系统下的配置也基本相似，所以此处不再单独讲述。

PyTorch 在 Windows 系统上的安装主要有两种方法：通过官网安装和 conda 安装（本机上需要预先安装 Anaconda|Python）。

1.　通过官网安装

如图 A.5 所示，进入官网 https://pytorch.org/。

图 A.5　PyTorch 官网截图

如前文介绍的 Linux 系统下安装一样，根据 CUDA 和 Python 的版本以及平台系统等找到适合 PyTorch 的版本，之后会自动提示 Run this command 命令指令，将指令复制到命令行，进行安装。

2.　conda 安装 PyTorch 包

在 Windows 的命令行输入图 A.6 所示第一行中的命令（请注意控制 cuda 版本和 cpu/gpu 版本），等待一段时间后，出现图 A.6 中显示的输出后，即完成了安装。

Python 深度学习

```
C:\Users\dell pc>conda install pytorch-cpu -c pytorch
Solving environment: done

## Package Plan ##

  environment location: D:\ANACONDA\ana3.5.2

  added / updated specs:
    - pytorch-cpu

The following packages will be downloaded:

    package                    |            build
    pytorch-cpu-0.4.1          |  py36_cpuhe774522_1       43.7 MB  pytorch

The following NEW packages will be INSTALLED:

    pytorch-cpu: 0.4.1-py36_cpuhe774522_1 pytorch

Proceed ([y]/n)? pip3 install torchvision
Invalid choice: pip3 install torchvision
Proceed ([y]/n)?
```

图 A.6　conda 安装命令行截图

　　安装完成后，同样需要安装 torchvision，具体方法在 Linux 部分中已经讲述过，这里不再重复讲解。

　　测试过程与 Linux 部分所用命令完全相同。

附录 B　TensorFlow 深度学习环境介绍与搭建

B.1　TensorFlow 与 Keras

　　在近几年，TensorFlow 几乎是最热门的深度学习框架，它最初由 Google 大脑小组（隶属于 Google 机器智能研究机构）的研究员和工程师们开发，用于机器学习和深度神经网络方面的研究，但这个系统的通用性使其也可广泛用于其他计算领域。在 TensorFlow 官网中对它有一个很全面的简述："TensorFlow 是一个端到端开源机器学习平台。它拥有一个包含各种工具、库和社区资源的全面灵活生态系统，可以让研究人员推动机器学习领域的先进技术的发展，并让开发者轻松地构建和部署由机器学习提供支持的应用。"图 B.1简单展示了 TensorFlow 的特点与性能。

图 B.1　TensorFlow 官方介绍

深度学习框架 TensorFlow 技术层面的基础是怎样的呢？TensorFlow™ 是一个采用数据流图（Data Flow Graphs）用于数值计算的开源软件库。结点（Nodes）在图中表示数学操作，图中的线（Edges）表示在结点间相互联系的多维数据数组，即张量（Tensor）。概括来说，TensorFlow 是一个功能强大的微分器。

Keras 是在深度学习方面与 TensorFlow 有着很紧密关系的另外一个概念。在官方文档中是这样描述的："Keras 是一个用 Python 编写的高级神经网络 API，它能够以 TensorFlow、CNTK 或者 Theano 作为后端运行。Keras 的开发重点是支持快速的实验。能够以最小的时延把想法转换为实验结果，是做好研究的关键。"如图 B.2 所示。从中我们可以知晓 Keras 和 TensorFlow 的关系，可以理解为两种不同层次的整合框架。两者各有各的优缺点，如盖一座木头房子，TensorFlow 就好比一块一块的木头，与之相比 Keras 就好比整合好的木板、桌椅、床等家具。因此，Keras 让程序员们可以简洁快速地部署完成一个任务，但是缺乏相应的自由度，用户只能够在建好的轮子之上进行操作。与之相比，直接在 TensorFlow 层面上操作会有很大的自由度，正如上面的介绍所言，TensorFlow 的操作逻辑是建立计算图来进行微分操作，计算图的可设计性更强，不过需要付出的代价是入手相对比较难，部署设计需要做很多的重复。

Keras 具有如下特点。
- 允许简单而快速的原型设计（由于用户友好、高度模块化和可扩展性）。
- 同时支持卷积神经网络和循环神经网络，以及两者的组合。
- 在 CPU 和 GPU 上无缝运行。

Keras: 基于 Python 的深度学习库

你恰好发现了 **Keras**。

图 B.2　Keras 官方文档介绍

对于新手、初学者来说，想要快速简洁地写出自己的第一个深度神经网络，在 Keras 层面上会更加方便。Keras 内置了多种集成好的数据集，包括波士顿房价数据集 boston_housing（Boston Housing Price Regression Dataset）、Cifar 数据集 Cifar10 与 Cifar100、时尚 MNIST 数据集 fashion_mnist、IMDB 影评数据集（IMDB sentiment classification dataset）等。

TensorFlow 内置 Keras，下面我们介绍基于 Anaconda+PyCharm 的环境搭建。

B.2　Anaconda 的介绍与安装配置

1. Anaconda 介绍

Anaconda 是当前最流行的 Python 包管理工具之一，因为其功能的便捷性和高效性，同时支持多种开源的深度学习框架安装，受到许多从事深度学习的科研工作者以及老师学生的青睐。Anaconda 拥有图形化界面，我们可以直接单击按钮自动安装自己环境所需要的各种工具包，如深度学习的各种框架 TensorFlow、PyTorch 等。当然我们也可以在 Anaconda 的终端命令窗口中输入指令进行操作，如果操作系统是 CentOS，而且是最小化的安装（没有图形化界面），用户需要学习 Anaconda 的一些指令进行环境的搭建和第三方包的安装。因此，建议初学者直接安装相对简单的有图形化的 Anaconda 版本。

Anaconda 通过管理工具包、开发环境、Python 版本，大大简化了工作流程。不仅可以方便地安装、更新、卸载工具包，而且安装时能自动安装相应的依赖包，同时还能使用不同的虚拟环境隔离不同要求的项目。Anaconda 附带了一大批常用数据科学包，还附带了 Conda、Python 和 150 多个科学包及其依赖项。因此你可以立即开始处理数据。

Anaconda 对虚拟环境以及对各种安装包的科学管理，为不同情境下的环境搭建提供了极大的便利，如针对 TensorFlow 的两个发行版本，可以分别搭建两个 TensorFlow 版本的 Python 环境，以满足不同的要求。TensorFlow 的发行版本主要分为 1.X 与 2.0，针对 TensorFlow 2.0，TensorFlow 团队听取了开发者关于"简化 API、减少冗余并改进文档和示例"的建议进行设计，将 TensorFlow 2.0 Alpha 版的更新重点放在简单和易用性上，主要进行了 4 个重大更新：①使用 Keras 和 Eager execution，轻松建立简单的模型并执行；②在任何平台上实现生产环境的模型部署；③为研究提供强大的实验工具；④通过清除不推荐使用的 API 和减少重复来简化 API。但是网络上大多数资源、教程以及模型构建仍然以 TensorFlow 1.X 的框架构建且占据主流。

针对这种情况，可以在 Anaconda 中分别创建两个虚拟环境安装不同 TensorFlow 包，既可以兼容网上多数代码、教程资源，又可探索利用最新的版本特性。

2. 安装

访问 Anaconda 官方网站（https://www.anaconda.com）按照步骤下载即可（图中所示为 macOS 系统 Python3.7 版本带有图形界面的 Anaconda 安装），如图 B.3 和图 B.4 所示。

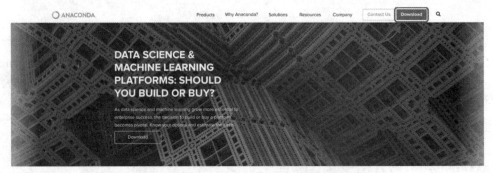

图 B.3　Anaconda 官方网站下载步骤图 1

3. 配置

此处需要更换 Anaconda 镜像源。为什么我们需要更换 Anaconda 的镜像呢？因为

Anaconda 并不是国产软件，我们创建的环境以及包都需要自动下载安装成功后才能使用，Anaconda 的服务器在境外，国内下载速度十分缓慢，常常出现下载断开无法安装的现象，于是各种镜像就应运而生了。国内可用 Anaconda 源的镜像站有 3 个，分别是清华、中科大和上交镜像网站。目前清华开源镜像站和中科大开源镜像站均已发出公告表示已取得 Anaconda 授权。下面提供 3 种更换 Anaconda 镜像源的方法。

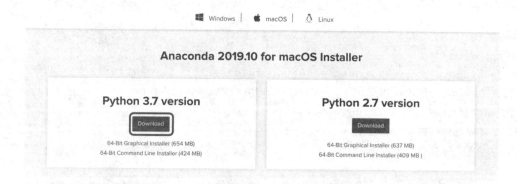

图 B.4　Anaconda 官方网站下载步骤图 2

1）图形化界面直接添加。在 Anaconda 图形化软件 Navigator 中修改 Anaconda 镜像源 channels，按照图 B.5 所示步骤操作。

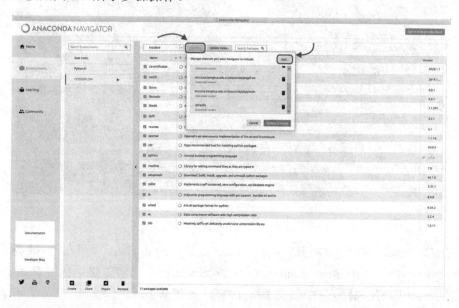

图 B.5　在 Anaconda 图形化界面中添加镜像网站

依次添加下列网站。

```
1. - https://mirrors.tuna.tsinghua.edu.cn/anaconda/pkgs/main/
2. - https://mirrors.tuna.tsinghua.edu.cn/anaconda/pkgs/free/
```

```
3.  - https://mirrors.tuna.tsinghua.edu.cn/anaconda/cloud/conda-forge/
4.  - https://mirrors.tuna.tsinghua.edu.cn/anaconda/cloud/pytorch/
```

2）在<.condarc>原配置文档中修改。<.condarc>文件默认为 macOS 中的隐藏文件，因此我们需要显示 macOS 的隐藏文件。在 macOS Sierra（macOS10.12），可以使用组合键<⌘⇧.>（〈Command + Shift + .〉）来快速（在 Finder 中）显示和隐藏隐藏文件。然后找到<.condarc>进行修改，如图 B.6 所示。修改为下面的配置（以清华 Anaconda 镜像源为例）。

```
1.  ssl_verify: true
2.  channels:
3.    - https://mirrors.tuna.tsinghua.edu.cn/anaconda/pkgs/main/
4.    - https://mirrors.tuna.tsinghua.edu.cn/anaconda/pkgs/free/
5.    - https://mirrors.tuna.tsinghua.edu.cn/anaconda/cloud/conda-forge/
6.    - https://mirrors.tuna.tsinghua.edu.cn/anaconda/cloud/pytorch/
7.  ssl_verify: true
```

图 B.6　修改<.condarc>文件

3）在 Terminal（终端）中修改。打开 macOS 的 Terminal.app（可在 dashboard 的<其他>文件夹里找到），利用 <cat .condarc> 查看<.condarc>的内容，然后依次设置 anaconda 镜像源 channels 即可。最终查看<.condarc>内容，如图 B.7 所示。

```
1.  cat .condarc
2.  conda config --add channels https://mirrors.tuna.tsinghua.edu.cn/anaconda/
    pkgs/main/
3.  conda config --add channels https://mirrors.tuna.tsinghua.edu.cn/anaconda/
    pkgs/free/
```

```
4. conda config --add channels https://mirrors.tuna.tsinghua.edu.cn/anaconda/
   cloud/conda-forge/
5. conda config --add channels https://mirrors.tuna.tsinghua.edu.cn/anaconda/
   cloud/pytorch/
6. conda config --set show_channel_urls yes
7. cat .condarc
```

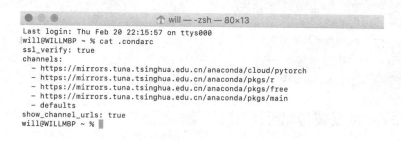

图 B.7 在终端查看修改后的<.condarc>

4. 创建用于 TensorFlow 的虚拟环境并安装 TensorFlow 包的两种方式

（1）在 Anaconda Navigator 中创建 TENSORFLOW 并安装 TensorFlow 包

打开安装并配置完成的 Anaconda Navigator，按照图 B.8 所示步骤操作即可创建名为 TENSORFLOW 的 Python 虚拟环境。创建的同时 Anaconda 会自动帮用户安装必要的包，然后利用右侧的包管理界面安装 TensorFlow 2.0。

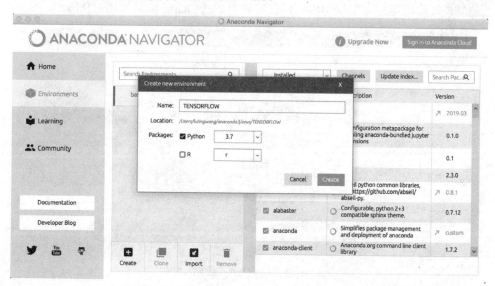

图 B.8 在 Anaconda Navigator 中创建名为 TENSORFLOW 的虚拟环境

（2）在 Terminal 中创建 TENSORFLOW 并安装 TensorFlow 包

```
1. conda update --all
```

```
2. conda create --name TENSORFLOW python=3.7
3. source activate TENSORFLOW
4. conda install TensorFlow
5. # 验证是否安装成功
6. python3
7. Python 3.7.6 (default, Jan  8 2020, 13:42:34)
8. [Clang 4.0.1 (tags/RELEASE_401/final)] :: Anaconda, Inc. on darwin
9. Type "help", "copyright", "credits" or "license" for more information.
10. >>> import TensorFlow as tf
11. >>>
12. >>> exit()
```

B.3　PyCharm 的安装与配置

PyCharm 是一种 Python IDE，带有一整套可以帮助用户在使用 Python 语言开发时提高其效率的工具，如调试、语法高亮、Project 管理、代码跳转、智能提示、自动完成、单元测试和版本控制。此外，该 IDE 还提供了一些高级功能，用于支持 Django 框架下的专业 Web 开发。

PyCharm 的安装方法如下。

访问 PyCharm 官方网站（https://www.jetbrains.com/pycharm/），按照步骤一步一步下载安装。一般情况下，免费的 Community 版本即可，Professional 版本凭借学校的教育邮箱（<.edu>为域名的学校注册邮箱）可在学年内免费安装使用。PyCharm 官网如图 B.9 所示。

图 B.9　PyCharm 官网

按照步骤安装好 PyCharm 后，要想着手开始编写在 TensorFlow 环境下的 Python 代码，需要先为 PyCharm 添加系统解释器（Interpreter）之外的解释器，步骤如图 B.10 和图 B.11所示。

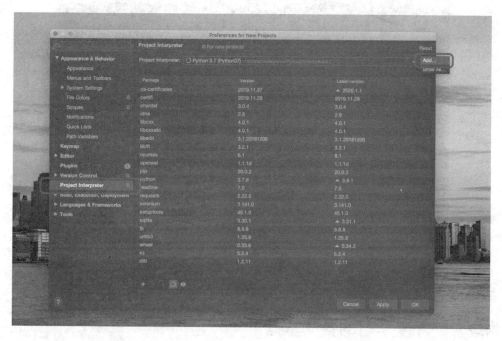

图 B.10　设置 PyCharm 的解释器为 Anaconda 中建立的环境 1

图 B.11　设置 PyCharm 的解释器为 Anaconda 中建立的环境 2

　　在 PyCharm 中添加了 TensorFlow 环境为解释器后，新建项目（Project）时便可以选择其为解释器，如图 B.12 所示。

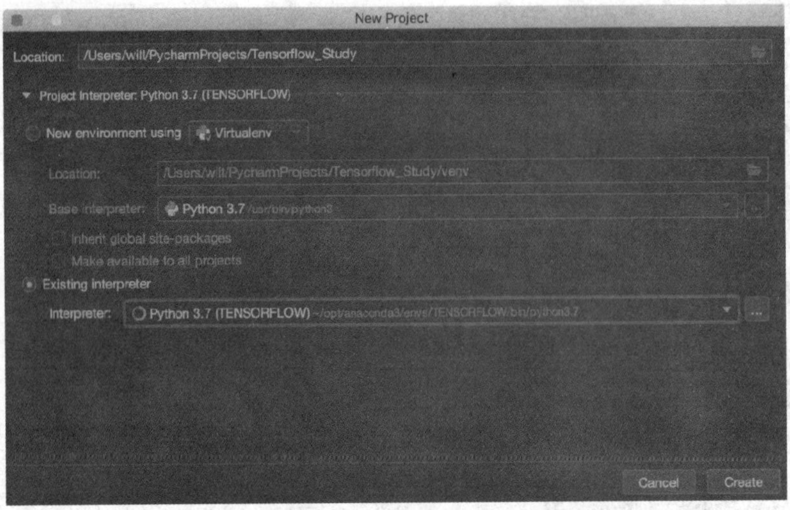

图 B.12　PyCharm 创建新 Project 时选择解释器

附录 C　深度学习的数学基础

C.1　线性代数

1．标量、向量、矩阵和张量

（1）标量

一个标量就是一个单独的数，只有大小，没有方向。当我们介绍标量时，会明确它们是哪种类型的数。比如，在定义实数标量时，我们可能会表述为"令 $s \in \mathbb{R}$ 表示一条线的斜率"，在定义自然数标量时，我们可能会表述为"令 $n \in \mathbb{N}$ 表示元素的数目"。

（2）向量

一个向量是一列数。这些数是有序排列的。通过次序中的索引可以确定每个单独的数。与标量相似，我们也会注明存储在向量中的元素是什么类型的。如果每个元素都属于 $\mathbb{R}$，并且该向量有 n 个元素，那么该向量属于实数集 $\mathbb{R}$ 的 n 次笛卡儿乘积构成的集合，记为 $\mathbb{R}^n$。当需要明确表示向量中的元素时，我们会将元素排列成一个方括号包围的纵列：

$$x = \begin{bmatrix} x_1 \\ x_1 \\ \vdots \\ x_n \end{bmatrix}$$

向量可以被看作空间中的点，每个元素是不同坐标轴上的坐标。有时我们需要索引向量中的一些元素。在这种情况下，我们定义一个包含这些元素索引的集合，然后将该集合写在角标处。如指定 x_1， x_3 和 x_6，我们定义集合 $\boldsymbol{x}_S$，然后写作 $S = \{1,3,6\}$。我们用符号-表示集合的补集中的索引。如 $\boldsymbol{x}_{-1}$ 表示 $\boldsymbol{x}$ 中除 x_1 外的所有元素；$\boldsymbol{x}_{-S}$ 表示 $\boldsymbol{x}$ 中除 x_1，x_3，x_6 外所有元素构成的向量。

（3）矩阵

矩阵是一个二维数组，其中的每一个元素被两个索引所确定。我们通常会赋予矩阵黑体的大写变量名称，比如 $\boldsymbol{A}$。如果一个实数矩阵高度为 m，宽度为 n，那么我们说 $\boldsymbol{A} \in \mathbb{R}^{m \times n}$。我们在表示矩阵中的元素时，通常以不是黑体的斜体形式使用其名称，索引用逗号间隔。如 $A_{1,1}$ 表示 $\boldsymbol{A}$ 左上的元素，$A_{m,n}$ 表示 $\boldsymbol{A}$ 右下的元素。我们通过用 ":" 表示水平坐标，以表示垂直坐标 i 中的所有元素。如 $\boldsymbol{A}_{i,:}$ 表示 $\boldsymbol{A}$ 中垂直坐标 i 上的一横排元素。这也被称为 $\boldsymbol{A}$ 的第 i 行。同样地，$\boldsymbol{A}_{:,i}$ 表示 $\boldsymbol{A}$ 的第 i 列。当我们需要明确表示矩阵中的元素时，我们将它们写在用方括号括起来的数组中：

$$\begin{bmatrix} A_{1,1} & A_{1,2} \\ A_{2,1} & A_{2,2} \end{bmatrix}$$

有时我们需要矩阵值表达式的索引，而不是单个元素。在这种情况下，我们在表达式后面接下标，但不必将矩阵的变量名称小写化。如 $f(\boldsymbol{A})_{i,j}$ 表示函数 f 作用在 $\boldsymbol{A}$ 上输出矩阵的第 i 行第 j 列元素。

（4）张量

在某些情况下，我们会讨论坐标超过两维的数组。一般地，一个数组中的元素分布在若干维坐标的规则网格中，称之为张量。我们使用字体 A 表示张量 "A"。张量 A 中坐标为 (i, j, k) 的元素记作 $\mathsf{A}_{i,j,k}$。

转置（Transpose）是矩阵的重要操作之一。矩阵的转置是以对角线为轴的镜像，这条从左上角到右下角的对角线被称为主对角线（Main Diagonal）。我们将矩阵 $\boldsymbol{A}$ 的转置表示为 $\boldsymbol{A}^{\mathrm{T}}$，定义如下：

$$A_{i,j}^{\mathrm{T}} = A_{j,i} \qquad\qquad\qquad (\text{B.1})$$

向量可以看作只有一列的矩阵。对应地，向量的转置可以看作只有一行的矩阵。有时，我们通过将向量元素作为行矩阵写在文本行中，然后使用转置操作将其变为标准的列向量以定义一个向量，如 $\boldsymbol{x} = [x_1, x_2, x_3]^{\mathrm{T}}$。

标量可以看作是只有一个元素的矩阵。因此，标量的转置等于它本身：$a = a^{\mathrm{T}}$。

只要矩阵的形状一样，我们可以把两个矩阵相加。两个矩阵相加是指对应位置的元素相加，比如 $\boldsymbol{C} = \boldsymbol{A} + \boldsymbol{B}$，其中 $C_{i,j} = A_{i,j} + B_{i,j}$。

标量和矩阵相乘，或是和矩阵相加时，我们只需将其与矩阵的每个元素相乘或相加即可，比如 $\boldsymbol{D} = a \cdot \boldsymbol{B} + c$，其中 $C_{i,j} = A_{i,j} + c$。

在深度学习中，我们也使用一些不常规的符号。我们允许矩阵和向量相加，产生另一个矩阵 $\boldsymbol{C} = \boldsymbol{A} + \boldsymbol{b}$，其中 $C_{i,j} = A_{i,j} + b_j$。换言之，向量 $\boldsymbol{b}$ 和矩阵 $\boldsymbol{A}$ 的每一行相加。这个简写方法使我们无须在加法操作前定义一个将向量 $\boldsymbol{b}$ 复制到每一行而生成的矩阵。这种隐式地

复制向量 b 到很多位置的方式，被称为广播（Broadcasting）。

2. 矩阵和向量相乘

矩阵乘法是矩阵运算中最重要的操作之一。两个矩阵 A 和 B 的矩阵乘积（Matrix Product）是第三个矩阵 C。为了使乘法定义良好，矩阵 A 的列数必须和矩阵 B 的行数相等。如果矩阵 A 的形状是 $m \times n$，矩阵 B 的形状是 $n \times p$，那么矩阵 C 的形状是 $m \times p$。我们可以通过将两个或多个矩阵并列放置以书写矩阵乘法，例如：

$$C = AB$$

具体地，该乘法操作定义为：

$$C_{i,j} = \sum_k A_{i,k} B_{k,j}$$

需要注意的是，两个矩阵的标准乘积不是指两个矩阵中对应元素的乘积。不过，那样的矩阵操作确实是存在的，被称为元素对应乘积（Element-Wise Product）或者 Hadamard 乘积（Hadamard product），记为 $A \odot B$。

两个相同维数的向量 x 和 x 的点积（Dot Product）可看作是矩阵乘积 $x^\mathrm{T} y$。我们可以把矩阵乘积 $C = AB$ 中计算 $C_{i,j}$ 的步骤看作是 A 的第 i 行和 B 的第 j 列之间的点积。

矩阵乘积运算有许多有用的性质，从而使矩阵的数学分析更加方便。如矩阵乘积服从分配律：

$$A(B + C) = AB + BC$$

矩阵乘积也服从结合律：

$$A(BC) = (AB)C$$

不同于标量乘积，矩阵乘积并不满足交换律（$AB = BA$ 的情况并非总是满足）。然而，两个向量的点积满足交换律：

$$x^\mathrm{T} y = y^\mathrm{T} x$$

矩阵乘积的转置有着简单的形式：

$$(AB)^\mathrm{T} = B^\mathrm{T} A^\mathrm{T}$$

现在我们已经知道了足够多的线性代数符号，可以表达下列线性方程组：

$$Ax = b$$

其中 $A \in \mathbb{R}^{m \times n}$ 是一个已知矩阵，$b \in \mathbb{R}^m$ 是一个已知向量，$x \in \mathbb{R}^n$ 是一个我们要求解的未知向量。向量 x 的每一个元素 x_i 都是未知的。矩阵 A 的每一行和 b 中对应的元素构成一个约束。我们可以把 $Ax = b$ 重写为：

$$A_{1,:}x = b_1$$

$$A_{2,:}x = b_2$$

$$\cdots$$

$$A_{m,:}x = b_m$$

或者，更明确地，写为：

$$A_{1,1}x_1 + A_{1,2}x_2 + \cdots A_{1,n}x_n = b_1$$
$$A_{2,1}x_1 + A_{2,2}x_2 + \cdots A_{1,n}x_n = b_2$$
$$\vdots$$
$$A_{m,1}x_1 + A_{m,2}x_2 + \cdots A_{m,n}x_n = b_m$$

矩阵向量乘积符号为这种形式的方程提供了更紧凑的表示。

3. 单位矩阵和逆矩阵

线性代数提供了被称为逆矩阵（Matrix Inversion）的强大工具。对于大多数矩阵 A，我们都能通过逆矩阵解析地求解 $Ax = b$。为了描述逆矩阵，我们首先需要定义单位矩阵（Identity Matrix）的概念。任意向量和单位矩阵相乘，都不会改变。我们将保持 n 维向量不变的单位矩阵记作 I_n，形式上 $I_n \in \mathbb{R}^{n \times m}$。

$$\forall x \in \mathbb{R}^n, I_n x = x$$

单位矩阵的结构很简单：所有沿主对角线的元素都是 1，而所有其他位置的元素都是 0。如下所示：

$$\begin{bmatrix} 1 & 0 & 0 \\ 0 & 1 & 0 \\ 0 & 0 & 1 \end{bmatrix}$$

矩阵 A 的逆矩阵记作 A^{-1}，其定义的矩阵满足如下条件：

$$A^{-1}A = I_n$$

现在我们可以通过以下步骤求解 $Ax = b$：

$$Ax = b$$
$$A^{-1}Ax = A^{-1}b$$
$$I_n x = A^{-1}b$$
$$x = A^{-1}b$$

当然，这取决于我们能否找到一个逆矩阵 A^{-1}。当逆矩阵 A^{-1} 存在时，有几种不同的算法都能找到它的闭解形式。理论上，相同的逆矩阵可用于多次求解不同向量 b 的方程。然而，逆矩阵 A^{-1} 主要是作为理论工具使用的，并不会在大多数软件应用程序中实际使用。这是因为逆矩阵 A^{-1} 在数字计算机上只能表现出有限的精度，有效使用向量 b 的算法通常可以得到更精确的 x。

4. 线性相关和生成子空间

如果逆矩阵 A^{-1} 存在，那么 $Ax = b$ 肯定对于每一个向量 b 恰好存在一个解。但是，对于方程组而言，对于向量 b 的某些值，有可能不存在解，或者存在无限多个。存在多于一个解但是少于无限多个解的情况是不可能发生的；因为，如果 x 和 y 都是某方程组的解，则：

$$z = \alpha x + (1-\alpha) y$$

（其中 α 取任意实数）也是该方程组的解。

为了分析方程有多少个解，我们可以将 A 的列向量看作从原点（元素都是零的向量）出发的不同方向，确定有多少种方法可以到达向量 b。在这个观点下，向量 x 中的每个元素表示我们应该沿着这些方向走多远，即 x_i 表示我们需要沿着第 i 个向量的方向走多远：

$$Ax = \sum_i x_i A_{:,i}$$

一般而言，这种操作被称为线性组合（Linear Combination）。形式上，一组向量的线性组合是指每个向量乘以对应标量系数之后的和，即：

$$\sum_i c_i v^{(i)}$$

一组向量的生成子空间（Span）是原始向量线性组合后所能抵达的点的集合。

确定 $Ax = b$ 是否有解相当于确定向量 b 是否在 A 列向量的生成子空间中。这个特殊的生成子空间被称为 A 的列空间（Column Space）或者 A 的值域（Range）。

为了使方程 $Ax = b$ 对于任意向量 $b \in \mathbb{R}^m$ 都存在解，我们要求 A 的列空间构成整个 $\mathbb{R}^m$。如果 $\mathbb{R}^m$ 中的某个点不在 A 的列空间中，那么该点对应的 b 会使得该方程没有解。矩阵 A 的列空间是整个 $\mathbb{R}^m$ 的要求，意味着 A 至少有 m 列，即 $n \geqslant m$。否则，A 列空间的维数会小于 m。例如，假设 A 是一个 3×2 的矩阵。目标 b 是三维的，但是 x 只有二维。所以无论如何修改 x 的值，也只能描绘出 $\mathbb{R}^3$ 空间中的二维平面。当且仅当向量 b 在该二维平面中时，该方程有解。

不等式 $n \geqslant m$ 仅是方程对每一点都有解的必要条件。这不是一个充分条件，因为有些列向量可能是冗余的。假设有一个 $\mathbb{R}^{2 \times 2}$ 的矩阵，它的两个列向量是相同的。那么它的列空间和它的一个列向量作为矩阵的列空间是一样的。换言之，虽然该矩阵有 2 列，但是它的列空间仍然只是一条线，不能涵盖整个 $\mathbb{R}^2$ 空间。

这种冗余被称为线性相关（Linear Dependence）。如果一组向量中的任意一个向量都不能表示成其他向量的线性组合，那么这组向量称为线性无关（Linearly Independent）。如果某个向量是一组向量中某些向量的线性组合，那么我们将这个向量加入这组向量后不会增加这组向量的生成子空间。这意味着，如果一个矩阵的列空间涵盖整个 $\mathbb{R}^m$，那么该矩阵必须包含至少一组 m 个线性无关的向量。这是 $Ax = b$ 对于每一个向量 b 取值都有解的充分必要条件。值得注意的是，这个条件是说该向量集恰好有 m 个线性无关的列向量，而不是至少 m 个。不存在一个 m 维向量的集合具有多于 m 个彼此线性不相关的列向量，但是一个有多于 m 个列向量的矩阵有可能拥有不止一个大小为 m 的线性无关向量集。

要想使矩阵可逆，我们还需要保证 $Ax = b$ 对于每一个 b 值至多有一个解。为此，我们需要确保该矩阵至多有 m 个列向量。否则，该方程会有不止一个解。

综上所述，这意味着该矩阵必须是一个方阵（square），即 $m = n$，并且所有列向量都是线性无关的。一个列向量线性相关的方阵被称为奇异的（Singular）。

如果矩阵 A 不是一个方阵或者是一个奇异的方阵，该方程仍然可能有解。但是我们不能使用逆矩阵去求解。

目前为止，我们已经讨论了逆矩阵左乘。我们也可以定义逆矩阵：

$$AA^{-1} = I$$

对于方阵而言，它的左逆和右逆是相等的。

5. 范数

有时我们需要衡量一个向量的大小。在机器学习中，我们经常使用被称为范数（Norm）的函数衡量向量大小。形式上，L^p 范数定义如下：

$$\|x\|_p = \left(\sum_i |x_i|^p \right)^{\frac{1}{p}}$$

其中，$p \in \mathbb{R}$，$p \geqslant 1$。

范数（包括 L^p 范数）是将向量映射到非负值的函数。简言之，向量 x 的范数衡量从原点到点 x 的距离。更严格地说，范数是满足下列性质的任意函数：

$$f(x) = 0 \Rightarrow x = 0$$

$$f(x + y) \leqslant f(x) + f(y) \quad （三角不等式（Triangle Inequality））$$

$$\forall \alpha \in \mathbb{R}, \quad f(\alpha x) = |\alpha| f(x)$$

当 $p = 2$ 时，L^2 范数被称为欧几里得范数（Euclidean Norm）。它表示从原点出发到向量 x 确定的点的欧几里得距离。L^2 范数在机器学习中出现得十分频繁，经常简化表示为 $\|x\|$，略去了下标 2。平方 L^2 范数也经常用来衡量向量的大小，可以简单地通过点积 $x^\mathrm{T} x$ 计算。

平方 L^2 范数在数学和计算上都比 L^2 范数本身更方便。例如，平方 L^2 范数对 x 中每个元素的导数只取决于对应的元素，而 L^2 范数对每个元素的导数却和整个向量相关。但是在很多情况下，平方 L^2 范数也可能不受欢迎，因为它在原点附近增长得十分缓慢。在某些机器学习应用中，区分恰好是零的元素和非零但值很小的元素是很重要的。在这些情况下，我们转而使用在各个位置斜率相同，同时保持简单的数学形式的函数：L^1 范数。L^1 范数可以简化如下：

$$\|x\|_1 = \sum_i |x_i|$$

当机器学习问题中零和非零元素之间的差异非常重要时，通常会使用 L^1 范数。每当 x 中某个元素从 0 增加 ε，对应的 L^1 范数也会增加 ε。有时我们会统计向量中非零元素的个数来衡量向量的大小。有些作者将这种函数称为 L^0 范数，但是该术语在数学意义上是不对的。向量的非零元素数目不是范数，因为对向量缩放 α 倍不会改变该向量非零元素的数目。因此 L^1 范数经常作为表示非零元素数目的替代函数。

另外一个经常在机器学习中出现的范数是 L^∞ 范数，也被称为最大范数（Max Norm）。

这个范数表示向量中具有最大幅值元素的绝对值：

$$\|x\|_{\infty} = \max_i x_i$$

有时我们可能希望衡量矩阵的大小。在深度学习中，最常见的做法是使用 Frobenius 范数（Frobenius Norm）：

$$\|A\|_F = \sqrt{\sum_{i,j} A_{i,j}^2}$$

它类似于向量的 L^2 范数。

两个向量的点积可以用范数来表示。具体为

$$x^{\mathrm{T}} y = \|x\|_2 \|y\|_2 \cos\theta$$

其中，θ 表示 x 和 y 之间的夹角。

6. 特征分解

许多数学对象可以通过将它们分解成多个组成部分或者找到它们的一些属性而更好地理解，这些属性是通用的，而不是由我们选择表示它们的方式产生的。

例如，整数可以分解为质因数。我们可以用十进制或二进制等不同方式表示整数 12，但是 $12 = 2 \times 2 \times 3$ 永远是对的。从这个表示中我们可以获得一些有用的信息，如 12 不能被 5 整除，或者 12 的倍数可以被 3 整除。

正如我们可以通过分解质因数来发现整数的一些内在性质，我们也可以通过分解矩阵来发现矩阵表示成数组元素时不明显的函数性质。特征分解（Eigen de Decomposition）是使用最广的矩阵分解之一，即我们将矩阵分解成一组特征向量和特征值。

方阵 A 的特征向量（Eigen Vector）是指与 A 相乘后相当于对该向量进行缩放的非零向量 v：

$$Av = \lambda v$$

标量 λ 被称为这个特征向量对应的特征值（Eigen Value）。如果 v 是 A 的特征向量，那么任何缩放后的向量 $sv(s \in \mathbb{R},\ s \neq 0)$ 也是 A 的特征向量。此外，sv 和 v 有相同的特征值。基于这个原因，通常我们只考虑单位特征向量。

假设矩阵 A 有 n 个线性无关的特征向量 $\{v^{(1)}, \cdots, v^{(n)}\}$，对应着特征值 $[\lambda_1, \cdots, \lambda_n]^{\mathrm{T}}$，因此 A 的特征分解可以记作：

$$A = V\mathrm{diag}(\lambda)V^{-1}$$

我们已经看到了构建具有特定特征值和特征向量的矩阵，能够使我们在目标方向上延伸空间。然而，我们也常常希望将矩阵分解成特征值和特征向量。这样可以帮助我们分析矩阵的特定性质，就像质因数分解有助于我们理解整数。不是每一个矩阵都可以分解成特征值和特征向量。在某些情况下，特征分解存在，但会涉及复数而非实数。幸运的是，在本书中，我们通常只需要分解一类有简单分解的矩阵。具体来讲，每个实对称矩阵都可以分解成实特征向量和实特征值：

$$A = Q\Lambda Q^T$$

其中，Q 是 A 特征向量组成的正交矩阵，Λ 是对角矩阵。特征值 $\Lambda_{i,i}$ 对应的特征向量是矩阵 Q 的第 i 列，记作 $Q_{:,i}$。因为 Q 是正交矩阵，我们可以将 A 看作沿方向 $v^{(i)}$ 延展 i 倍的空间。

虽然任意一个实对称矩阵 A 都有特征分解，但是特征分解可能并不唯一。如果两个或多个特征向量拥有相同的特征值，那么在由这些特征向量产生的生成子空间中，任意一组正交向量都是该特征值对应的特征向量。因此，我们可以等价地从这些特征向量中构成 Q 作为替代。按照惯例，我们通常按降序排列 Λ 的元素。在该约定下，特征分解唯一当且仅当所有的特征值都是唯一的。

矩阵的特征分解给了我们很多关于矩阵的有用信息。矩阵是奇异的当且仅当含有零特征值。实对称矩阵的特征分解也可以用于优化二次方程 $f(x) = x^T A x$，其中限制 $\|x\|_2 = 1$。当 x 等于 A 的某个特征向量时，f 将返回对应的特征值。在限制条件下，函数 f 的最大值是最大特征值，最小值是最小特征值。

所有特征值都是正数的矩阵被称为正定（Positive Definite）；所有特征值都是非负数的矩阵被称为半正定（Positive Semidefinite）。同样地，所有特征值都是负数的矩阵被称为负定（Negative Definite）；所有特征值都是非正数的矩阵被称为半负定（Negative Semidefinite）。半正定矩阵受到关注是因为它们保证 $\forall x, x^T A x \geqslant 0$。此外，正定矩阵还保证 $x^T A x = 0 \Rightarrow x = 0$。

7. 奇异值分解

奇异值分解（Singular Value Decomposition, SVD）是将矩阵分解为奇异向量（Singular Vector）和奇异值（Singular Value）。通过奇异值分解，我们会得到一些与特征分解相同类型的信息。然而，奇异值分解有更广泛的应用。每个实数矩阵都有一个奇异值分解，但不一定都有特征分解。例如，非方阵的矩阵没有特征分解，这时我们只能使用奇异值分解。

回想一下，我们使用特征分解去分析矩阵 A 时，得到特征向量构成的矩阵 V 和特征值构成的向量 λ，我们可以重新将 A 写成：

$$A = V \text{diag}(\lambda) V^{-1}$$

奇异值分解是类似的，只不过我们将矩阵 A 分解成 3 个矩阵的乘积：

$$A = UDV^T$$

假设 A 是一个 $m \times n$ 的矩阵，那么 U 是一个 $m \times m$ 的矩阵，D 是一个 $m \times n$ 的矩阵，V 是一个 $n \times n$ 矩阵。

这些矩阵中的每一个经定义后都拥有特殊的结构。矩阵 U 和 V 都被定义为正交矩阵，而矩阵 D 定义为对角矩阵。注意，矩阵 D 不一定是方阵。

对角矩阵 D 对角线上的元素被称为矩阵 A 的奇异值（Singular Value）。矩阵 U 的列向量被称为左奇异向量（Left Singular Vector），矩阵 V 的列向量被称右奇异向量（Right Singular Vector）。

事实上，我们可以用与 A 相关的特征分解去解释 A 的奇异值分解。A 的左奇异向量（Left Singular Vector）是 AA^T 的特征向量。A 的右奇异向量（Right Singular Vector）是 A^TA 的特征向量。A 的非零奇异值是 AA^T 特征值的平方根，同时也是 A^TA 特征值的平方根。

8．行列式

行列式，记作 $\det(A)$，是一个将方阵 A 映射到实数的函数。行列式等于矩阵特征值的乘积。行列式的绝对值可以用来衡量矩阵参与矩阵乘法后空间扩大或者缩小了多少。如果行列式是 0，那么空间至少沿着某一维完全收缩了，使其失去了所有的体积。如果行列式是 1，那么这个转换保持空间体积不变。

C.2 概率论

概率论是用于表示不确定性声明的数学框架。它不仅提供了量化不确定性的方法，也提供了用于导出新的不确定性声明（Statement）的公理。在人工智能领域，概率论主要有两种用途：一是概率法则告诉我们 AI 系统如何推理，据此我们设计一些算法以计算或者估算由概率论导出的表达式；二是我们可以用概率和统计从理论上分析我们提出的 AI 系统的行为。

1．概率的意义

许多计算机科学分支处理的实体大部分都是完全确定且必然的。程序员通常可以安全地假定 CPU 将完美地执行每条机器指令。虽然硬件错误确实会发生，但它们足够罕见，以至于大部分软件应用在设计时并不需要考虑这些因素的影响。鉴于许多计算机科学家和软件工程师在一个相对干净和确定的环境中工作，机器学习对于概率论的大量使用是很令人吃惊的。

这是因为机器学习通常必须处理不确定量，有时也可能需要处理随机量。不确定性和随机性可能来自多个方面。事实上，除了那些被定义为真的数学声明，我们很难认定某个命题是千真万确的或者确保某件事一定会发生。

概率论最初的发展是为了分析事件发生的频率，可以被看作是用于处理不确定性的逻辑扩展。逻辑提供了一套形式化的规则，可以在给定某些命题是真或假的假设下，判断另外一些命题是真还是假。概率论提供了一套形式化的规则，可以在给定一些命题的似然后，计算其他命题为真的似然。

2．随机变量

随机变量（Random Variable）是可以随机地取不同值的变量，它可以是离散的或者连续的。离散随机变量拥有有限或者可数无限多的状态。这些状态不一定非要是整数，它们也可能只是一些被命名的状态而没有数值。连续随机变量伴随着实数值。

3. 概率分布

概率分布（Probability Distribution）用来描述随机变量或一簇随机变量在每一个可能取到的状态的可能性大小。描述概率分布的方式取决于随机变量是离散的还是连续的。

（1）离散型变量和概率质量函数

离散型变量的概率分布可以用概率质量函数（Probability Mass Function, PMF）来描述。概率质量函数将随机变量能够取得的每个状态映射到随机变量取得该状态的概率。$x = x$ 的概率用 $P(x)$ 来表示，概率为 1 表示 $x = x$ 确定，概率为 0 表示 $x = x$ 是不可能发生的。有时为了使 PMF 的使用不相互混淆，我们会明确写出随机变量的名称 $P(x = x)$。有时我们会先定义一个随机变量，然后用 ~ 符号来说明它遵循的分布 $x \sim P(x)$。

概率质量函数可以同时作用于多个随机变量。这种多个变量的概率分布被称为联合概率分布（Joint Probability Distribution）。$P(x = x, y = y)$ 表示 $x = x$ 和 $y = y$ 同时发生的概率。也可以简写为 $P(x, y)$。

如果一个函数 P 是随机变量 x 的 PMF，必须满足下面几个条件。

① P 的定义域必须是 x 所有可能状态的集合。

② $\forall x \in x, 0 \leqslant P(x) \leqslant 1$。

③ $\sum_{x \in x} P(x) = 1$。

（2）连续型变量和概率密度函数

当我们研究的对象是连续型随机变量时，我们用概率密度函数（Probability Density Function, PDF）来描述它的概率分布。如果一个函数 p 是概率密度函数，必须满足下面几个条件。

① p 的定义域必须是 x 所有可能状态的集合。

② $\forall x \in x, p(x) \geqslant 0$。

③ $\int p(x) \mathrm{d}x = 1$。

概率密度函数 $p(x)$ 并没有直接对特定的状态给出概率，不过，它给出了落在面积为 δx 的无限小的区域内的概率为 $p(x)\delta x$。

我们可以对概率密度函数求积分以获得点集的真实概率质量。特别地，x 落在集合 $\mathbb{S}$ 中的概率可以通过 $p(x)$ 对这个集合求积分来得到。在单变量的例子中，$p(x)$ 落在区间 $[a, b]$ 的概率是 $\int_{[a,b]} p(x) \mathrm{d}x$。

（3）边缘概率

有时，我们知道了一组变量的联合概率分布，但想要了解其中一个子集的概率分布。这种定义在子集上的概率分布被称为边缘概率分布（Marginal Probability Distribution）。

例如，假设有离散型随机变量 x 和 y，并且我们知道 $P(x, y)$。我们可以依据下面的求和法则（Sum Rule）来计算 $P(x)$：

$$\forall x \in x, P(x = x) = \sum_y P(x = x, y = y)$$

"边缘概率"的名称来源于手算边缘概率的计算过程。当 $P(x, y)$ 的每个值被写在由每行表示不同的 x 值，每列表示不同的 y 值形成的网格中时，对网格中的每行求和是很自然的事情，然后将求和的结果 $P(x)$ 写在每行右边纸的边缘处。对于连续型变量，我们需要用积分替代求和：

$$p(x) = \int p(x, y) \mathrm{d} y$$

（4）条件概率

在很多情况下，我们感兴趣的是某个事件在给定其他事件发生时出现的概率。这种概率叫作条件概率。我们将给定 $\mathrm{x} = x, \mathrm{y} = y$ 发生的条件概率记为 $P(\mathrm{y} = y \mid \mathrm{x} = x)$。这种条件概率可以通过下面的公式计算：

$$P(\mathrm{y} = y \mid \mathrm{x} = x) = \frac{P(\mathrm{y} = y, \mathrm{x} = x)}{P(\mathrm{x} = x)}$$

条件概率只在 $P(\mathrm{x} = x) > 0$ 时有定义。我们不能计算给定在永远不会发生的事件上的条件概率。

这里需要注意的是，不要把条件概率和计算当采用某个动作后会发生什么相混淆。假定某个人说德语，那么他是德国人的条件概率是非常高的，但是如果随机选择的一个人会说德语，他的国籍不会因此而改变。

（5）条件概率的链式法则

任何多维随机变量的联合概率分布，都可以分解成只有一个变量的条件概率相乘的形式：

$$P(x^{(1)}, \cdots x^{(n)}) = P(x^{(1)}) \prod_{i=2}^{n} P(x^{(i)} \mid x^{(1)}, \cdots x^{(i-1)})$$

这个规则被称为概率的链式法则（Chain Rule）或者乘法法则（Product Rule）。

（6）独立性和条件独立性

两个随机变量 x 和 y，如果它们的概率分布可以表示成两个因子的乘积形式，并且一个因子只包含 x 另一个因子只包含 y，我们就称这两个随机变量是相互独立的（Independent）：

$$\forall x \in \mathrm{x}, y \in \mathrm{y}, p(x = \mathrm{x}, y = \mathrm{y}) = p(x = \mathrm{x}, y = \mathrm{y})$$

如果关于 x 和 y 的条件概率分布对于 z 的每一个值都可以写成乘积的形式，那么这两个随机变量 x 和 y 在给定随机变量 z 时是条件独立的（Conditionally Independent）：

$$\forall x \in \mathrm{x}, y \in \mathrm{y}, z \in \mathrm{z}, p(x = \mathrm{x}, y = \mathrm{y} \mid z = \mathrm{z}) = p(x = \mathrm{x} \mid z = \mathrm{z}) p(y = \mathrm{y} \mid z = \mathrm{z})$$

我们可以采用一种简化形式来表示独立性和条件独立性：$\mathrm{x} \perp \mathrm{y}$ 表示 x 和 y 相互独立，$\mathrm{x} \perp \mathrm{y} \mid \mathrm{z}$ 表示 x 和 y 在给定 z 时条件独立。

（7）期望、方差和协方差

函数 $f(x)$ 关于某分布 $P(x)$ 的期望（Expectation）或者期望值（Expected Value）是指，当 x 由 P 产生，f 作用于 x 时，$f(x)$ 的平均值。对于离散型随机变量，可以通过求和得到：

$$\mathbb{E}_{x \sim P}[f(x)] = \sum_x P(x)f(x)$$

对于连续型随机变量可以通过求积分得到：

$$\mathbb{E}^x_{\sim P}[f(x)] = \int \sum_x P(x)f(x)\mathrm{d}x$$

期望是线性的，例如：

$$\mathbb{E}_x[\alpha f(x) + \beta g(x)] = \alpha \mathbb{E}_x[f(x)] + \beta \mathbb{E}_x[g(x)]$$

其中，α 和 β 不依赖于 x。

方差（Variance）衡量的是当我们对 x 依据它的概率分布进行采样时，随机变量 x 的函数值会呈现多大的差异：

$$\mathrm{Var}(f(x)) = \mathbb{E}[f(x) - \mathbb{E}[f(x)]]^2]$$

当方差很小时，$f(x)$ 的值形成的簇比较接近它们的期望值。方差的平方根被称为标准差（Standard Deviation）。

协方差（Covariance）在某种意义上给出了两个变量线性相关性的强度以及这些变量的尺度：$\mathrm{Cov}(f(x), g(x)) = \mathbb{E}f(x) - \mathbb{E}[f(x)])(g(y) - \mathbb{E}[g(y)])$。

（8）常用概率分布

1）Bernoulli 分布。Bernoulli 分布（Bernoulli Distribution）是单个二值随机变量的分布。它由单个参数 $\phi \in [0,1]$ 控制，ϕ 给出了随机变量等于 1 的概率。它具有如下的一些性质：

$$P(\mathrm{x} = 1) = \phi$$

$$P(\mathrm{x} = 0) = 1 - \phi$$

$$P(\mathrm{x} = x) = \phi^x (1 - \phi)^{1-x}$$

$$\mathbb{E}_x[\mathrm{x}] = \phi$$

$$\mathrm{Var}_x(\mathrm{x}) = \phi(1 - \phi)$$

2）Multinoulli 分布。Multinoulli 分布（Multinoulli Distribution）或者范畴分布（Categorical Distribution）是指在具有 k 个不同状态的单个离散型随机变量上的分布，其中 k 是一个有限值。Multinoulli 分布由向量 $\boldsymbol{p} \in [0,1]^{k-1}$ 参数化，其中每一个分量 p_i 表示第 i 个状态的概率。最后的第 k 个状态的概率可以通过 $1 - \sum_{i=1}^{k-1} P_i$ 给出。

（9）高斯分布

实数上最常用的分布是正态分布（Normal Distribution），也被称为高斯分布（Gaussian Distribution）：

$$N(x; \mu, \sigma^2) = \sqrt{\frac{1}{2\pi\sigma^2}} \exp\left(-\frac{1}{2\sigma^2}(x - \mu)^2\right)$$

正态分布由两个参数 $\mu \in \mathbb{R}$ 和 $\sigma \in (0, \infty)$ 控制。参数 μ 给出了中心峰值的坐标，即分布的均值 $\mathbb{E}[\mathrm{x}] = \mu$。分布的标准差用 σ 表示，方差用 σ^2 表示。

采用正态分布在很多应用中都是一个明智的选择。当我们由于缺乏关于某个实数上分布的先验知识而不知道该选择怎样的形式时，正态分布是默认的比较好的选择。

正态分布可以推广到 $\boldsymbol{R}^n$ 空间，这种情况下被称为多维正态分布（Multivariate Normal Distribution）。它的参数是一个正定对称矩阵 $\boldsymbol{\Sigma}$：

$$N(x;\mu,\boldsymbol{\Sigma}) = \sqrt{\frac{1}{(2\pi)^n \det(\boldsymbol{\Sigma})}} \exp\left(-\frac{1}{2}(x-\mu)^{\mathrm{T}} \boldsymbol{\Sigma}^{-1}(x-\mu)\right)$$

参数 μ 仍然表示分布的均值，只不过现在是向量值。参数 $\boldsymbol{\Sigma}$ 给出了分布的协方差矩阵。与单变量情况类似，当我们希望对很多不同参数下的概率密度函数多次求值时，协方差矩阵并不是一个很高效的参数化分布的方式，因为对概率密度函数求值时需要对 $\boldsymbol{\Sigma}$ 求逆。我们可以使用一个精度矩阵（Precision Matrix）$\boldsymbol{\beta}$ 进行替代：

$$N(x;\mu,\boldsymbol{\beta}^{-1}) = \sqrt{\frac{\det(\boldsymbol{\beta})}{(2\pi)^n}} \exp\left(-\frac{1}{2}(x-\mu)^{\mathrm{T}} \boldsymbol{\beta}(x-\mu)\right)$$

（10）指数分布和 Laplace 分布

在深度学习中，我们经常会需要一个在 $x=0$ 点处取得边界点（Sharp Point）的分布。为了实现这一目的，我们可以使用指数分布（Exponential Distribution）：

$$p(x;\lambda) = \lambda 1_{x \geqslant 0} \exp(-\lambda x)$$

指数分布使用指示函数(Indicator Function)$1_{x \geqslant 0}$ 来使得当 x 取负值时的概率为零。一个联系紧密的概率分布是 Laplace 分布（Laplace Distribution），它允许我们在任意一点 μ 处设置概率质量的峰值：

$$Laplace(x;\mu,\gamma) = \frac{1}{2\gamma} \exp\left(-\frac{|x-\mu|}{\gamma}\right)$$

4. 贝叶斯规则

我们经常会需要在已知 $P(y|x)$ 时计算 $P(x|y)$。幸运的是，如果还知道 $P(x)$，我们可以用贝叶斯规则（Bayes Rule）来实现这一目的：

$$P(x|y) = \frac{P(x)P(y|x)}{P(y)}$$

在上面的公式中，$P(y)$ 通常使用 $P(y) = \sum_x P(y|x)P(x)$ 来计算，所以我们并不需要事先知道 $P(y)$ 的信息。

参 考 文 献

[1] SZEGEDY C, LIU W, JIA Y, et al. Going Deeper with Convolutions[C]. Proceedings of the IEEE Conference on Computer Vision and Pattern Recognition, 2015:1-9.

[2] HE K, ZHANG X, REN S, et al. Deep Residual Learning for Image Recognition[C]. Proceedings of the IEEE Conference on Computer Vision and Pattern Recognition, 2016: 770-778.

[3] ZHOU B, LAPEDRIZA A, KHOSLA A, et al. Places: A 10 Million Image Database for Scene Recognition[J]. IEEE Trans Pattern Anal Mach Intell, 2018 (99):1-1.

[4] LECUN Y, BOTTOU L. Gradient-based Learning Applied to Document Recognition[J]. Proceedings of the IEEE, 1998, 86(11):2278-2324.

[5] 周志华. 机器学习[M]. 北京：清华大学出版社，2015.

[6] 陈海虹，黄彪，刘锋，等.机器学习原理及应用[M]. 成都：电子科技大学出版社，2017.